第一次 (圖解版)
品 綠茶就上手

王岳飛、周繼紅 主編

崧燁文化

U0058991

主編簡介
ABOUT THE AUTHORS

　　王嶽飛，浙江天臺人，茶學博士、教授、博導，浙江大學農學院副院長，浙江大學茶葉研究所所長。國務院學科評議組成員，國家一級評茶師，國家職業技能（評茶員／茶藝師）競賽裁判員、高級考評員，浙江圖書館文瀾講壇客座教授，武漢圖書館名家論壇教授。

　　從事茶葉生物化學、天然產物健康功能與機理、茶資源綜合利用等方面的研究，主持國家科技支撐專案和省重大科技專項，研發成功茶終端產品 30 多種，發表學術論文 60 餘篇，著有《茶多酚化學》《茶文化與茶健康》等著作 10 多部，是 *Molecules*、*Food Research International*、*Life Sciences* 等多家 SCI 期刊審稿人。獲國家發明專利 7 項，是首屆吳覺農茶學獎學金、首屆中國茶葉學會科學技術獎一等獎、第二屆中國茶葉學會青年科技獎、浙江省師德先進個人、首屆中華茶文化優秀教師、2014 年寶鋼優秀教師、2015 浙江大學永平傑出教學貢獻獎（100 萬元）獲得者。

周繼紅，浙江大學茶葉研究所博士生，師從王岳飛教授。在校期間曾榮獲浙江大學"十佳大學生"、美國"百人會英才獎"、"挑戰杯"大陸大學生創業計劃競賽銀獎等榮譽稱號及獎項。中央電視臺《開講啦》節目常駐青年代表，並參與錄製浙江電視臺《招考熱線》節目，積極傳播茶學科與茶文化。

中國茶迎來大時代（代序）
PREFACE

　　中國是茶的故鄉，孕育著最古老的茶樹和最悠久的茶文化。如今，這一片承載幾千年厚重歷史的東方樹葉已經香飄五大洲，在不同的土地上展現著無盡的風姿。當今世界，約 60 個國家或地區種茶，30 個國家或地區穩定地出口茶葉，150 多個國家或地區常年進口茶葉，160 多個國家和地區的居民有喝茶習慣，全球約 30 億人每天在飲茶。中國茶正跟隨著全球化的腳步風靡世界，茶行業舉世矚目，大有可為！

　　中國茶文化迎來人人想學茶的時代。幾十年前，來聽茶課的大多是茶館、茶店等茶行業內的人，如今，對茶感興趣的業外人士越來越多，大家紛紛學習茶知識，領悟茶文化，以茶養心，以茶為道。歷經千年，茶已經滲透到我們生活的各 個層面，其內涵不僅僅是"柴米油鹽醬醋茶"的日常飲品，更是"琴棋書畫詩酒 茶"的意蘊與修為，茶文化已經昇華為人們的精神食糧，成為一種修養，一種境 界，一種人格力量！

　　讓所有有志於茶事的茶人在大時代共襄盛舉！

王嶽飛

第三篇　綠茶之類──暗香美韻競爭輝

第四篇　綠茶之制──巧匠精藝出佳茗

第六篇　綠茶之鑒——慧眼識真辨茗茶

第七篇　綠茶之效——萬病之藥增人壽

河南信陽茶園（信陽農林學院　王廣銘·攝）

第一篇
茶之源——茶路漫漫覓芳蹤

　　在各茶類中，綠茶是中國生產歷史最悠久、產區最遼闊、品類最豐富、產量最龐大的一類。幾千年來，祖先們不斷摸索，逐漸形成了完整的綠茶製作工藝。中國綠茶的發展大致經歷了生嚼鮮葉、原始綠茶、曬青餅茶、蒸青餅茶、龍團鳳餅、蒸青散茶、炒青散茶、窨花綠茶等歷程，加工技術愈加完善，是歷代茶人不斷創新的結果。

《茶之歌》攝

一、發乎神農：從生煮羹飲到原始綠茶

茶聖陸羽在《茶經》中有"茶之為飲，發乎神農"的說法，相傳神農氏嘗百草，嘗到了一種有毒的草，頓時感到口幹舌麻，頭暈目眩。他在樹旁休息時，一陣風吹過，將幾片帶著清香的葉子吹落在他的身旁，神農隨後揀了兩片放在嘴裡咀嚼，頓覺舌底生津，精神振奮，剛才的不適一掃而空。後來人們將這種植物叫做"茶"，由於茶不僅能祛熱解渴，還能興奮精神、醫治疾病，因此其最初的應用形式是藥用，產量比較少，也常作為祭祀用品。

圖 1.1　神農嘗茶

此後，茶葉的利用方法進一步發展為生煮羹飲，即把茶葉煮為羹湯來飲用，類似現代的煮菜湯。據古籍《晏子春秋》記載，晏嬰身為齊國的國相時生活節儉，平時吃的除了糙米飯外，經常食用的就是"茗菜（即沒有曬乾的茶鮮葉）"。茶作羹飲的記載可見于晉代郭璞（276—324 年）《爾雅》檟，苦茶"之注："樹小如梔子，冬生葉，可煮羹飲。"《晉書》中也有言："吳人采茶煮之，曰茗粥。"其中的"茗粥"即茶粥，指的便是燒煮的濃茶。

生煮羹飲是直接利用未經任何加工的茶鮮葉，為了更好地保存茶鮮葉，人們逐步將採摘的新鮮茶枝葉利用陽光直接曬乾或燒烤後再曬乾予以收藏。曬乾收藏方法雖然簡單，但在沒有太陽的日子裡卻無法操作，於是人們又利用早期出現的"甑"來蒸茶，製成原始的蒸青。蒸完以後為了乾燥茶葉，就又發明了鍋炒和烘焙至幹的方法，從而產生了原始的炒青和烘青。這些原始類型的曬青茶、炒青茶、烘青茶和蒸青茶，在秦漢以前的巴蜀地區可能都已出現。

自秦漢開始，人們開始在茶湯中加入各種配料以調味。三國張揖在《廣雅》中記載："巴間採茶作餅，葉老者餅成以米膏出之。欲煮茗飲，先炙令赤色，搗末置瓷器中，以湯澆覆之，用蔥、薑、橘子芼之。其飲醒酒，令

人不眠"。從中可以看出，當時烹茶要添加蔥、薑、橘子等作料，由"採茶作餅"的描述也說明當時在原始散茶的基礎上已經發明了原始形態的餅茶。

二、興于隋唐：從比屋之飲到禪茶一味

　　隋統一了全國並修造了溝通南北的運河，大大推動了社會經濟的發展，也促進了茶產業的繁榮。至唐代，茶葉從南方傳到中原，又從中原傳到邊疆少數民族地區，成為中國國飲，家家戶戶都飲茶的風尚逐步形成。唐代中期，茶聖陸羽所撰《茶經》從自然科學和人文科學兩個方面闡述了茶的藝術，標誌著中國茶文化正式形成，開啟了中國茶發展的歷史新時期。陸羽《茶經》中有言："茶之為飲……盛於國朝，兩都並荊渝間，以為比屋之飲。"其中"國朝"指的便是唐朝。

圖1.2　茶聖陸羽出生地——湖北天門

隋唐時期的飲茶方式除延續漢魏兩晉南北朝生煮羹飲法的煮茶法外，又有"痷茶法"[①]和"煎茶法"。陸羽《茶經·六之飲》："有觕茶、散茶、末茶、餅茶者，乃斫、乃熬、乃煬、乃舂，貯於瓶缶之中，以湯沃焉，謂之痷茶"記載的便是以沸水沖飲的痷茶法"，粗、散、末、餅茶皆可泡飲。煮茶法作為唐代以前最普遍的飲茶法，往往要添加蔥、薑、棗、橘皮、茱萸、薄荷、鹽等許多佐料。但陸羽很不欣賞這種飲法，認為破壞了茶的真味，他創立了細煎慢品式的"煎茶法"，不添加繁雜的佐料，最多以鹽調味"煎茶法"在唐代風靡不衰，但煮茶舊習依然難改，尤其是在少數民族地區仍甚為流行。

唐代以餅茶為主，也有粗茶、散茶、末茶等非團餅茶。在原始散茶和餅茶的基礎上，隋唐時期創造出了加工較為精細的蒸青餅茶，製成的餅茶有大有小，有方形的、圓形的，也有花形的，並成為了唐代的重要貢茶，尤以宜興陽羨茶和長興顧渚茶最負盛名。唐代李肇《唐國史補》中記述："風俗貴茶，茶之名品益眾。劍南有蒙頂石花，或小方，或散芽，號為第一；湖州有顧渚之紫筍，東川有神泉、小團、昌明、獸目，峽州有碧潤、明月、芳蕊、茱萸簪，福州有方山之露芽，夔州有香山，江陵有南木，湖南有衡山，嶽州有邕湖之含膏，常州有義興之紫筍，婺州有東白，睦州有鳩坑，洪州有西山之白露，壽州有霍山之黃芽，蘄州有蘄門團黃，而浮梁之商貨不在焉。"唐代名優茶種類之多、形式之盛可見一斑。

圖1.3 《陸羽烹茶圖》元·趙原

該水墨山水畫以茶聖陸羽烹茶為題材，畫中遠山近水，有一山岩平緩突出水面，一軒宏敞，堂上一人，按膝而坐，傍有童子，擁爐烹茶。畫題詩："山中茅屋是誰家，兀會閑吟到日斜，俗客不來山鳥散，呼童汲水煮新茶。"

[①] 「痷」通淹、醃，浸漬或鹽漬之意。

圖 1.4　大唐貢茶院

　　大唐貢茶院始建于唐大曆五年，即西元 770 年，是中國歷史上第一座專門為朝廷加工茶葉的"皇家茶廠"。位於浙江長興的大唐貢茶院為仿唐建築，氣勢恢宏。

除了飲茶方式和制茶品質的考究外，佛教的禪宗對唐代茶業產生了十分深遠的影響。唐代詩人元稹的《一字至七字詩·茶》詩雲："茶。香葉，嫩芽。慕詩客，愛僧家。碾雕白玉，羅織紅紗。銚煎黃蕊色，碗轉曲塵花。夜後邀陪明月，晨前獨對朝霞。洗盡古今人不倦，將知醉後豈堪誇。"其中"慕詩客，愛僧家"的描寫即是道出了佛教在中國興起後與茶結下的不解之緣。唐人飲茶之風，最早便是始於僧家，佛教崇尚飲茶，有"茶禪一味"之說，指茶文化與禪文化有共通之處，茶，品人生浮沉；禪，悟涅槃境界。由此可見，自該時期起人們對茶文化的認識已經達到了一種頗為精深的境界。

三、盛起宋元：從散茶方興到玩茶盛行

到了宋代，作為貢茶的團餅茶，做工精細，餅面又增加了龍鳳之類的紋飾，謂之"龍團鳳餅"。當時建州北苑鳳凰山設有貢焙1300多座，規模宏大，貢品團餅茶有龍團勝雪、貢新銙、玉葉長春等，多達40多品目。宋徽宗趙佶著《大觀茶論》稱"本朝之興，歲修建溪之貢，龍團鳳餅，名冠天下"。

圖1.5 龍團鳳圓形圖案（自左至右依次為小龍、小鳳、大龍、大鳳

北宋前期，制茶主要是以團茶、餅茶為主，然而由於其製作工藝和煮飲方式都比較繁瑣，不太適合老百姓日常飲用，於是出現了用蒸青法制成的散茶，並逐漸趨向以散茶為主的茶葉生產趨勢。到了元代，散茶已經明顯超過團餅茶，成為主要的生產茶類。這一茶類生產的轉型，為後來明清的散茶大生產，以及綠茶加工的近代發展之路奠定了技術基礎。

兩宋時期，制茶技術不斷創新，品飲方式日趨精緻，"點茶法"成為新的時

尚，即是將茶葉末放在茶碗裡，注入少量沸水調成糊狀，然後再注入沸水，或者直接向茶碗中注入沸水，同時用茶筅（一種用細竹製作的工具，能夠促使茶末與水交融成一體）攪動，茶末上浮，形成粥面。茶的優劣，以餑沫出現是否快，水紋露出是否慢來評定。沫餑潔白，水腳晚露而不散者為上。如果茶末研碾細膩，點湯、擊拂恰到好處，湯花勻細，有若"冷粥面"，就可以緊咬茶盞，久聚不散，名曰"咬盞"。宋徽宗《大觀茶論》稱當時飲茶"採擇之精、製作之工、品第之勝，烹點之妙，莫不鹹造其極"。

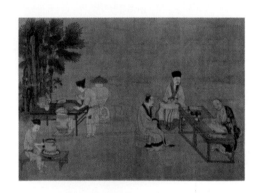

圖 1.6《攆茶圖》宋·劉松年

該畫描繪了宋代從磨茶到烹點的具體過程、用具和點茶場面。畫中左前方一僕役坐在矮幾上，正在轉動碾磨磨茶，桌上有篩茶的茶羅、貯茶的茶盒等。另一人佇立桌邊，提著湯瓶點茶（泡茶），他左手邊是煮水的爐、壺和茶巾，右手邊是貯水甕，桌上是茶筅、茶盞和盞托。一切顯得十分安靜整潔，專注有序。畫面右側有三人，一僧伏案執筆作書，傳說此高僧就是中國歷史上的"書聖"懷素。一人相對而坐，似在觀賞，另一人坐其旁，正展卷欣賞。畫面充分展示了貴族官宦之家講究品茶的生動場面，是宋代茶葉品飲的真實寫照。

宋太祖趙匡胤嗜好飲茶，該時期茶儀成為禮制，賜茶已成為皇帝籠絡大臣、眷懷親族、甚至向國外使節表示友好的重要手段。由於官僚貴族的宣導示範、文人僧徒的鼓吹傳播以及市民階層的廣泛參與，宋朝的飲茶文化已成為一種流行時尚，"玩茶"藝術風靡一時。除"貢茶"外，還衍生出"繡茶""鬥茶"，以及文人自娛自樂的"分茶"，民間的茶坊、茶肆中的飲茶方式更是豐富多彩。其中"鬥茶"也稱"茗戰"，就是比賽茶葉與點茶技藝的高下，在宋代極為流行，從文人士大夫直至平民百姓，無不熱衷此道，蘇東坡就曾有"嶺外惟惠俗喜鬥茶"的記述；而"分茶"亦稱"茶百戲""湯戲"，是一種能使茶湯紋脈形成物象的古茶道，不僅能使茶湯形成豐富的泡沫，還能在茶湯中形成文字和圖案，更加提高了點茶的藝術忭和娛樂性，也使鬥茶活動更為興盛。

綠茶湯顯現的牧牛圖

綠茶湯顯現的田園

圖 1.7　茶百戲（章志峰·作）

四、煥然明清：從炒青當道到清飲之風

　　明清時期，茶葉生產在唐宋時期的基礎上繼續發展，茶葉商品消費面更廣，從事茶葉生產的人員更多，茶葉的商品性更強，茶業經濟的影響更大，同時，茶葉加工技術和品飲方式也產生了重大的變革。在此時期，綠茶的炒青技術逐步超越蒸青方法成為主流，明代張源《茶錄》中記述：“新采，揀去老葉及枝梗、碎屑。鍋廣二尺四寸，將茶一斤半焙之，俟鍋極熱，始下茶急炒。火不可緩，待熟方退火，撤入篩中，輕團那數遍，複下鍋中，漸漸減火，焙乾為度。”該記載便是炒青綠茶的制法。期間，各地很多炒青綠茶名品不斷湧現，如徽州的松蘿茶、杭州的龍井茶、歙縣的大方、嵊縣的珠茶、六安的瓜片等等。以炒法加工的綠茶已成為人們的主要品飲對象，花茶也漸漸在民間普及。至清代，鄉村市肆茶館林立。飲茶之風盛於明代，茶葉成為珍品，流行於官場士大夫和文人間，大量名茶應時而生，六大茶類逐步確立。

　　為去奢靡之風、減輕百姓負擔，明太祖朱元璋下令茶制改革，用散茶代替餅茶進貢，葉茶和芽茶逐步成為茶葉生產和消費的主導。此後，朱元璋的第十七子朱權也宣導從簡清飲之風，大膽改革傳統飲茶的繁瑣程式，其所著《茶譜》一書特別提出講求茶的“自然本性”和“真味”，反對繁複華麗和“雕鏤藻飾”，從而形成一套從簡行事的烹飲方法。

　　明清時期，散茶（葉茶、草茶）獨盛，炒青工藝風靡，茶風也為之一變。明代開始，用沸水直接沖泡散茶的“撮泡法”，逐漸代替了唐代的餅茶煎飲

法和宋代的末茶點飲法。明代陳師《茶考》稱："杭俗烹茶，以細茗置茶甌，以
沸湯點之，名為撮泡。"今日流行的泡茶法也多是明代撮泡的延續，為當下中國
最普遍的飲茶方式。

圖 1.8　清代外銷畫《中國古代茶作圖》

表 1.1　綠茶品飲方式的變遷

品飲方式	歷史時期	品飲步驟	適用茶葉類型
咀嚼生食	遠古時代	直接咀嚼茶鮮葉	茶鮮葉
生煮羹飲	漢魏兩晉南北朝	將茶鮮葉烹煮成羹湯而飲，類似喝蔬茶湯，故又稱之為"茗粥"	茶鮮葉
痷茶法	隋唐	"痷茶"即為用沸水泡茶：將茶葉先碾碎，再煎熬、烤幹、春搗，然後放在瓶子或細口瓦器中，灌上沸水浸泡後飲用	粗茶、散茶、末茶、餅茶
煮茶法	唐	把細碎的幹茶投入瓶子或缶中，再加上蔥、薑、橘等調料，倒入罐中煎煮後飲用	乾茶
煎茶法	中晚唐至南宋末年	團餅茶經過炙、碾、羅等工序，成細微粒的茶末，再根據水的煮沸程度（如魚目微有聲，為一沸；鍋邊緣如湧泉連珠，為二沸；騰波鼓浪，為三沸），在"二沸"時投入茶末煎煮，然後趁熱連飲	團餅茶
點茶法	宋	將團茶碾成細末，置入盞內，沖入少許沸水，攪拌調勻，再注入更多的沸水，並以茶筅打至稠滑狀態即飲	團餅茶
撮泡法	元明清	置茶于茶壺或蓋甌中，以沸水沖泡，再分醱到茶盞（甌、杯）中飲用	散茶

表 1.2　綠茶加工發展史

綠茶加工類型	歷史時期	加工方法	工藝優缺點
茶鮮葉	遠古時期	直接咀嚼茶鮮葉，後來便生火煮羹飲或以茶做菜來食用	直接食用鮮葉口感苦澀，風味欠佳；有較大的季節和地域局限性，在不出產茶的季節或地區便無法進行利用
原始綠茶	春秋	將茶鮮葉通過陽光曝曬、燒烤、蒸制、鍋炒等方式進行乾燥	能夠長時間保存茶葉，隨取隨用
曬青餅茶	漢魏兩晉南北朝	將散裝茶葉與米膏混合製成茶餅，再曬乾或烘乾	出現了茶葉的簡單加工，製成的餅茶方便運輸，是制茶工藝的萌芽；但初加工的曬青餅茶仍有很濃的青草味
蒸青餅茶	唐	將茶的鮮葉蒸後碎制，餅茶穿孔，貫串烘乾	克服了曬青茶殘留的濃重青草氣，使茶葉香氣更加鮮爽；但仍有明顯的苦澀味
龍團鳳餅	宋	將采回的茶鮮葉浸泡在水中，挑選勻整芽葉進行蒸青，蒸後冷水清洗，小榨去水，大榨去茶汁，然後置於瓦盆內兌水研細，再入龍鳳模壓餅、烘乾	改進蒸青餅茶工藝，通過洗滌鮮葉、壓榨去汁使茶葉苦澀味降低；同時，冷水快沖還可保持茶葉綠色；但是，壓榨去汁的做法使茶的香氣與滋味大量流失，且整個製作過程耗時費工
蒸青散茶	宋元	在原有蒸青團餅茶的加工過程中，採取蒸後不揉不壓，直接烘乾的處理方法	蒸後直接烘乾，很好地保持了茶葉的香味；但是，使用蒸青方法，依然存在香味不夠濃郁的缺點
炒青散茶	明清	高溫殺青、揉撚、複炒、烘焙至乾，這種工藝與現代炒青綠茶制法非常相近	利用鍋炒的乾熱，充分激發茶葉的馥鬱美味
窨花綠茶	明清	將散茶與桂花、茉莉、玫瑰、薔薇、蘭蕙、橘花、梔子、木香、梅花等香花混合，茶將香味吸收後再把乾花篩除	製成的花茶香味濃郁，具有獨特的滋味

五、鬱勃當代：從東方樹葉到世界翹楚

綠茶是人類飲用歷史最悠久的茶類，距今三千多年前，古代人類採集野生茶樹芽葉曬乾收藏，就可以看作是廣義上的綠茶粗加工的開始。而真正意義上的綠茶加工則是始於西元 8 世紀蒸青制法的發明與應用。到了 12 世紀又發明出了炒青制法，至此綠茶加工技術已比較成熟，一直沿用至今，並不斷完善。直至今日，在中國所有的茶葉品種中，綠茶仍是毫無異議的領導者，即溶茶、袋泡茶、茶飲料等飲用方式的出現也開拓了綠茶的新興茶飲法。

在中國的茶產業中，綠茶產量最大，產區分佈最廣。2014 年，按照茶葉類別統計，中國茶葉生產以綠茶、青茶、黑茶、紅茶為主，其中綠茶產量達 133.26 萬噸，占總產量的 60% 以上。出口方面，綠茶也始終處於領跑地位，2014 年綠茶出口 24.9 萬噸，金額 9.5 億美元，占出口總量的 80% 以上。

中國不僅是綠茶的主產國，也是綠茶消費大國，綠茶消費量占茶葉總消費量的 70% 以上，增幅巨大。內銷綠茶的主力軍是名優綠茶，市場遍及中國各大中城市和鄉村。

隨著科學領域對綠茶保健功效的廣泛認可，綠茶在世界上越來越受到消費者青睞，在世界衛生組織提出的六大保健飲品（綠茶、紅葡萄酒、豆漿、優酪乳、骨頭湯、蘑菇湯）中，綠茶更是位列榜首。在國際市場上，中國綠茶占國際貿易量的 70% 以上，銷售區域遍及北非、西非各國及法國、美國、阿富汗等 50 多個國家和地區，同時，茶文化作為中國特色傳統文化，也越來越受到世界各國的關注與喜愛，可以說，中國綠茶正邁著穩健的腳步 走向世界。

圖 1.9 米蘭世博會上的中國茶文化周

第二篇

綠 茶之出——青山隱隱育錦繡

　　綠茶作為中國歷史上最早出現的茶類，占目前中國茶葉總產量的 70% 以上。
1959 年中國 "十大名茶" 評比會評選出的中國十大名茶（西湖龍井、洞庭碧螺春、
黃山毛峰、廬山雲霧茶、六安瓜片、君山銀針、信陽毛尖、武夷岩茶、安溪鐵觀音、
祁門紅茶）中，有六款（西湖龍井、洞庭碧螺春、黃山毛峰、廬山雲霧、六安瓜片、
信陽毛尖）為綠茶。中國綠茶的種植範圍十分廣泛，各大產茶區幾乎都生產綠茶，
並且種類繁盛、名品薈萃，以優良的品質馳名中外。

貴州都勻茶園水庫（盧桃 攝）

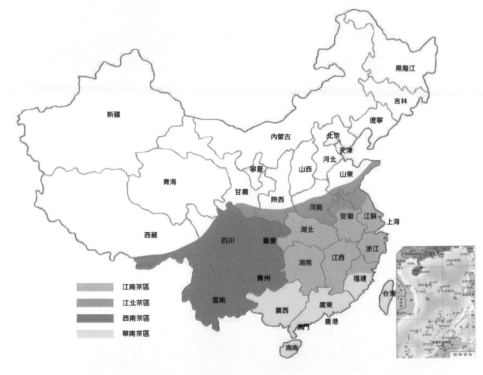

圖 2.1 中國四大茶區圖

一、綠茶適生環境

　　茶樹具有喜溫、喜濕、耐蔭的特性，其生長需要有良好的生態環境。最適溫度較多認為是 25℃左右，春季茶芽萌發的起始溫度是日平均氣溫穩定在約 10℃，但因品種、地區和年份不同有差異；宜茶地區最適宜的年降水量為 1500 毫米左右，茶樹生長活躍期的空氣相對濕度以 80% ～ 90% 為宜；地勢方面，一般以海拔 800 米左右的山區為宜。

　　總體而言，茶葉生產有著"南紅北綠"的基本規律，即低緯度地區適宜生產紅茶，較高緯度地區（北緯 25~30 度）適宜生產綠茶，北緯 30 度帶也被稱為出產茶葉的"黃金緯度"，江南茶區與西南茶區穿線而過，中國十大名茶中全部綠茶都出產自北緯 30

度左右的優質茶葉產區帶。[1]

此外，土壤條件也是出產優質茶葉的重要指標。茶樹是多年生深根作物，根系龐大，故要求土層深厚疏鬆為宜，有效土層應達 1 米以上，且 50 釐米之內無硬結層或粘盤層；從土壤質地來說，從壤土類的砂質壤土到黏土類的壤質黏土中都能種茶，但以壤土為佳；茶樹喜水，但怕漬水，要求土壤具有良好的排水性和保水性，多雨地區的山坡、沙壤土、碎石土等都是較好的選擇；同時，茶樹是典型的喜酸性土壤作物，土壤 pH 值在 4.0~5.5 為宜。

中國名優綠茶主要分佈在山區，素有"高山出好茶"的說法，究其原因主要歸納為以下三個方面：①山區氣溫隨著海拔的升高而降低，科學分析表明，茶樹新梢中茶多酚和兒茶素的含量隨氣溫的降低而減少，從而使茶葉的苦澀味減輕；而茶葉中氨基酸和芳香物質的含量卻隨著氣溫的降低而增加，這就為茶葉滋味的鮮爽甘醇提供了物質基礎，使得許多高山茶具有顯著的獨特香氣。②高山往往多雲霧，一方面陽光經霧珠折射，使得紅橙黃綠藍靛紫七種可見光中的紅黃光得到加強，從而使茶樹芽葉中的氨基酸、葉綠素和水分含量明顯增加；二是由於高山森林茂盛，茶樹接受光照時間短、強度低、漫射光多，有利於茶葉中含氮化合物的增加；三是由於高山植被鋪蓋和繚繞的雲霧增加了土壤和空氣的濕度，從而使茶樹芽葉光合作用形成的糖類化合物縮合困難，纖維素不易形成，茶樹新梢可在較長時期內保持鮮嫩而不易粗老，對綠茶品質的改善十分有利。③高山植被繁茂，枯枝落葉多，地面形成了一層厚厚的覆蓋物，不僅使土壤質地疏鬆、結構良好，還增加了有機質含量，使茶葉所含有效成分愈加豐富，加工成的茶葉香高味濃。

二、綠茶產地初探

2014 年中國茶葉種植面積為 265.0 萬公頃，是全球茶葉種植面積最大的國家，占全球茶葉種植面積的 60.6%。中國茶區分佈在北緯 18~37 度、東經 94~122 度的廣闊範圍內，主要產茶的省份（自治區、直轄市）共有 20 個，遍佈 1000 多個縣市，總體可分為江南茶區、江北茶區、西南茶區和華南茶區。

---

①西湖龍井產於北緯 30°15′左右，洞庭碧螺春產於北緯 31°左右，黃山毛峰產於北緯 30°08′左右，廬山雲霧產於北緯 29°35′左右，六安瓜片產於北緯 31°38′左右，信陽毛尖產於北緯 32°13′左右。

各大產茶區幾乎都生產綠茶，其中浙江、安徽、江蘇、江西、湖南、湖北、貴州、四川、重慶等地區是綠茶的主要產區；廣東、廣西、福建、臺灣、海南、雲南等地區綠茶產量相對較少；長江以北的河南、山東、陝西等地雖主要生產綠茶，但產量相對而言比較少；此外，西藏、甘肅等地也生產少量綠茶。

表 2.1　中國四大茶區簡介

四大茶區	地理位置	氣候特徵	土壤類型	茶樹品種
江南茶區	位於中國長江中、下游南部，包括浙江、湖南、江西等省和皖南、蘇南、鄂南等地	基本上屬於亞熱帶季風氣候，四季分明，溫暖宜人，年平均氣溫為 15℃ ~18℃。年降水量 1400~1600 毫米，以春夏季為多	主要為紅壤，部分為黃壤或棕壤，少數為沖積壤	以灌木型為主
江北茶區	位於長江中、下游北岸，包括河南、陝西、甘肅、山東等省和皖北、蘇北、鄂北等地	年平均氣溫較低，冬季漫長，年平均氣溫為 15℃ ~16℃，冬季絕對最低氣溫一般為 -10℃ 左右，容易造成茶樹凍害；年降水量在 1000 毫米以下，且分布不勻，常使茶樹受旱	多屬黃棕壤或棕壤，是中國南北土壤的過渡類型	抗寒性較強的灌木型中小葉種
西南茶區	位於中國西南部，包括雲南、貴州、四川三省以及西藏東南部	大部分地區均屬亞熱帶季風氣候，氣候變化大，年平均氣溫 15℃ ~18℃，年降水量大多在 1000 毫米以上，多霧，適合大葉種茶樹的生長培育	土壤類型較多，重慶、四川、貴州和西藏東南部以黃壤為主，有少量棕壤；雲南主要為赤紅壤和山地紅壤	茶樹品種資源豐富，有灌木型、小喬木型茶樹，部分地區還有喬木型茶樹
華南茶區	位於中國南部，包括廣東、廣西、福建、臺灣、海南等地	屬熱帶季風氣候，水熱資源豐富，平均氣溫 19℃ ~22℃，年平均降水量達 1500 毫米	以磚紅壤為主，部分地區也有紅壤和黃壤分佈，土層深厚，有機質含量豐富	茶樹資源極為豐富，以喬木型和小喬木大葉種偏多

（一）江南茶區

　　江南茶區是綠茶的主產區，也是中國名優綠茶最多的茶區。茶園主要分佈在丘陵地帶，少數在海拔較高的山區，出產的著名綠茶有西湖龍井、黃山毛峰、洞庭碧螺春、廬山雲霧等。

安徽黃山茶園

安徽涇縣茶園

安徽省金寨縣響洪甸茶園

湖北恩施茶園①

湖北恩施茶園②

湖北省英山雲霧茶產區茶園（《採茶忙》攝於東沖河村　作者：吳子光）

湖北省英山雲霧茶產區茶園（《雲霧茶香》攝於東沖河村　作者：吳子光）

湖北省英山雲霧茶產區茶園（《茶鄉風光》攝於東沖河村　作者：吳子光）

湖南長沙茶園（長安基地①）

湖南長沙茶園（長安基地②）

湖南長沙茶園

江蘇南京淳青茶園（袁高亮攝）

江西浮梁生態茶園(1)

江西浮梁生態茶園(2)

浙江安吉溪龍鄉安吉白茶①

浙江安吉溪龍鄉安吉白茶②

浙江千島湖茶園

浙江長興茶園

圖 2.2 江南茶區茶園

（二）江北茶區

江北茶區是中國最北的茶區，主產綠茶。少數山區有良好的微域氣候，所產綠茶具有香氣高、滋味濃、耐沖泡的特點，比較著名的有六安瓜片、信陽毛尖、嶗山綠茶等。

河南省藍天茗茶茶園

王母觀茶園竹景

河南信陽茶園①（信陽農林學院　王廣銘攝）

河南信陽茶園②（信陽農林學院　王廣銘攝）

山東日照茶園（日照聖穀山提供）

山東日照茶園（日照聖穀山提供）

山東日照茶園（汪強強·攝）

山東泰宏茶園（泰安市泰山女兒旅遊商貿有限公司茶園）

圖 2.3 江北茶區茶園圖

（三）西南茶區

西南茶區是中國最古老的茶區，擁有豐富的茶樹品種資源。該茶區地形複雜，地勢較高，主要為高原和盆地，有些同緯度地區海拔高低懸殊。出產的著名綠茶有蒙頂甘露、竹葉青、都勻毛尖等。

貴州畢節納雍茶園風貌

貴州畢節平塘茶園風貌

貴州都勻茶園①（譚慶恒·攝）

貴州都勻茶園②（譚慶恒·攝）

貴州都勻茶博園（盧桃·攝）

貴州省印江梵淨山銀輝茶廠（文宣·攝）

貴州石阡茶園廠區風光（王宋波、饒登祥·攝）

貴州石阡茶園（王宋波、饒登祥·攝）

貴州遵義鳳岡茶園（《茶海晨曦》陳曉燕·攝）

貴州遵義鳳岡茶園（《田壩茶海晨霧》湯權·攝）

圖 2.4 西南茶區茶園圖

（四）華南茶區

　　華南茶區為中國最適宜茶樹生長的地區，茶資源極為豐富。出產的著名綠茶有海南的白沙綠茶等。

廣西賀州姑婆山方家茶園①（劉興枝·攝）

廣西賀州姑婆山方家茶園②（劉興枝·攝）

圖 2.5 華南茶區茶園圖

二、名優綠茶盤點

（一）江南茶區名優綠茶

1·西湖龍井

歷史地位：位列中國十大名茶之首。西湖龍井有著 1200 多年的悠久歷史，清乾隆遊覽杭州西湖時，盛讚西湖龍井茶，把獅峰山下胡公廟前的十八棵茶樹封為"御茶"。新中國成立後被列為中國外交禮品茶。

主要產地：浙江省杭州市西湖區的獅峰、龍井、五雲山、虎跑、梅家塢等地。

茶區特徵：氣候溫和，雨量充沛，有充足的漫射光。土壤微酸，土層深厚，排水性好。總體氣候條件十分優越。 製作工序：特級龍井茶採摘標準為一芽一葉和一芽兩葉初展的鮮嫩芽葉。採摘後經攤放→青鍋→理條整形→回潮（二青葉篩分和攤涼）→輝鍋→幹茶篩分→ 歸堆→收灰等工序加工而成。

品質特徵：素以"色綠、香郁、味甘、形美"四絕著稱。形似碗釘光扁平直，色翠略黃似糙米色；內質湯色碧綠清瑩，香氣幽雅清高，滋味甘鮮醇和，葉底細嫩呈朵。

圖 2.6 西湖龍井

2 · 大佛龍井

龍井茶因其產地不同，分為西湖龍井、大佛龍井、錢塘龍井、越州龍井四種，除了西湖產區 168 平方公里的茶葉叫作西湖龍井外，其他產地出產的俗稱為"浙江龍井"。浙江龍井又以大佛龍井為勝。

歷史地位：浙江省十大名茶之一，曾多次榮獲全國、省農業名牌產品稱號，現銷售區域已覆蓋全國二十多個省市，品牌信譽和知名度不斷提高。

主要產地：中國名茶之鄉——浙江省新昌縣。 茶區特徵：大佛龍井茶生長於唐朝詩仙李白曾經為之夢遊的浙江新昌境內環境秀麗的高山雲霧之中，茶區群山環繞、氣候溫和、雨量充沛、土地肥沃。 製作工序：鮮葉採摘標準是完整的一芽一葉，後經攤放→殺青→攤涼→輝幹→整形等工序加工而成。 品質特徵：外形扁平光滑，尖削挺直，色澤綠翠勻潤，嫩香持久沁人，滋味鮮爽甘醇，湯色杏綠明亮，葉底細嫩成朵，具有典型的高山風味。

圖 2.7 大佛龍井

3 · 徑山茶

歷史地位：徑山茶始於唐代，聞名於兩宋，從宋代起便被列為"貢茶"。1978 年由張堂恒教授恢復製作成功，此後相繼獲得"中國文化名茶""浙江省 十大名茶""浙江省十大地理標誌區域品牌""中國馳名商標"等諸多稱號。日 本僧人南浦昭明禪師曾經在徑山寺研究佛學，後來把茶籽帶回日本，是如今很多 日本茶葉的茶種。

主要產地：浙江省杭州市余杭區西北境內之天目山東北峰的徑山。

茶區特徵：徑山海拔 1000 米，青山碧水，重巒疊嶂。茶園土壤肥沃，結構疏鬆；峰頂浮雲繚繞，霧氣氤氳；山上泉水眾多，旱不涸、雨不溢。 製作工序：于穀雨前後採摘一芽一二葉的鮮葉，經攤放→殺青攤涼→輕揉、解塊→初烘、攤涼→低溫烘乾等工序加工而成。 品質特徵：外形緊細顯毫，色澤翠綠；內質湯色綠明，栗香持久，滋味甘醇爽口，葉底綠雲成朵。

圖 2.8 徑山茶

4．開化龍頂

歷史地位：開化龍頂創制於 20 世紀 50 年代，從 1957 年開始研製，曾一度產制中斷，1979 年恢復生產，並成為浙江名茶中的新秀，2004 年被評為浙江省十大名茶。

主要產地：浙江省開化縣齊溪鎮的大龍山、蘇莊鎮的石耳山、張灣鄉等地。

茶區特徵：茶區地勢高峻，山峰聳疊，溪水環繞，氣候溫和，地力肥沃。"蘭花遍地開，雲霧常年潤"，自然環境十分優越。 製作工序：清明至穀雨前，選用長葉形、發芽早、色深綠、多茸毛、葉質柔厚的鮮葉，以一芽二葉初展為標準。經攤放→殺青→揉撚→烘乾至茸毛略呈白色→ 100℃斜鍋炒至顯毫→烘至足乾等工序加工而成。 品質特徵：色澤翠綠多毫，條索緊直苗秀，香氣清高持久，具花香，滋味鮮爽濃醇，湯色清澈嫩綠，葉底成朵明亮。

圖 2.9 開化龍頂

5．武陽春雨

歷史地位：浙江省十大名茶之一。1994 年由武義縣農業局研製開發，問世以來屢獲殊榮，1999 年獲全國農業行業最高獎──99 中國國際博覽會"中國名牌產品"，並榮獲首屆"中茶杯"名茶評比一等獎等榮譽。

主要產地：浙中南"中國有機茶之鄉"武義縣。 茶區特徵：武義地處浙中南，境內峰巒疊翠，環境清幽，四季分明，熱量充足，無霜期長，風清氣潤，土質鬆軟，植茶條件優越。 製作工序：鮮葉採摘後經攤放→殺青→理條做形→烘焙等工序加工而成。 品質特徵：形似松針絲雨，色澤嫩綠稍黃，香氣清高幽遠，滋味甘醇鮮爽，具有獨特的蘭花清香。

圖 2.10 武陽春雨

6・望海茶

歷史地位：20世紀80年代初，在林特部門的努力下，寧海名茶老樹開花，新創名茶"望海茶"成為寧波市唯一的省級名茶，從而帶動了整個寧波市名茶的 發展，先後被認定為寧波名牌產品、浙江名牌產品、浙江省著名商標。

主要產地：國家級生態示範區浙江省寧波市寧海縣境內。 茶區特徵：茶園在海拔超過900米的高山上，四季雲霧繚繞，空氣濕潤，土壤肥沃，生態環境十分優越。

製作工序：鮮葉採摘後經攤放→殺青→攤涼→揉撚→理條→初烘→攤涼還潮→足火→篩分分裝等工序加工而成。 品質特徵：外形細嫩挺秀、翠綠顯亮，香氣清香持久，湯色清澈明亮，滋味鮮爽回甘，葉底芽葉成朵、嫩綠明亮，尤其以乾茶色澤翠綠、湯色清綠、葉底嫩綠的"三綠"特色而獨樹一幟。

圖2.11 望海茶

7・顧渚紫筍

歷史地位：浙江傳統名茶，自唐朝廣德年間便作為貢茶進貢，可謂是進貢歷史最久、製作規模最大、茶葉品質最好的貢茶。明末清初，紫筍茶逐漸消失，直至20世紀70年代末，當地政府重新試產、培育紫筍茶，才得以重新揚名光大。

主要產地：浙江省湖州市長興縣水口鄉顧渚山一帶。

茶區特徵：顧渚山海拔355米，西靠大山，東臨太湖，氣候溫和濕潤，土質肥沃，極適宜茶葉生長。唐代湖州刺史張文規有"茶生其間，尤為絕品"的評價。 茶聖陸羽置茶園於此，並作《顧渚山記》雲"與朱放輩論茶，以顧渚為第一"。

製作工序：採摘一芽一葉初展或一芽一葉的鮮葉，經攤放→殺青→炒幹整形
→烘焙等工序加工而成。 品質特徵：顧渚紫筍因其鮮茶芽葉微紫，嫩葉背
卷似筍殼而得名。成品色澤翠綠，銀毫明顯，蘭香撲鼻；茶湯清澈明亮，味
甘醇而鮮爽，葉底細嫩成朵，有"青翠芳馨，嗅之醉人，啜之賞心"之譽。

圖 2.12 顧渚紫筍

8·松陽銀猴

歷史地位：浙江省新創制的名茶之一，2004 年被評為浙江十大名茶之一。
主要產地：浙江省松陽縣甌江上游古市區半古月謝猴山一帶。 茶區特徵：
產地位於國家級生態示範區浙南山區，境內卯山、萬壽山、馬鞍
山、箬寮觀等群山環抱，雲霧縹緲，溪流縱橫交錯，氣候溫和，雨量充沛，土層
深厚，有機質含量豐富，甌江蜿蜒其間，生態環境優越。

製作工序：于清明至穀雨期間採摘鮮葉，經攤放→殺青→揉撚→造型→烘焙
等工序加工而成。

品質特徵：條索粗壯弓彎似猴，滿披銀毫，色澤光潤；香高持久，滋味鮮醇
爽口，湯色清澈嫩綠；葉底嫩綠成朵，勻齊明亮。

圖 2.13 松陽銀猴

9·安吉白茶

歷史地位：浙江名茶的後起之秀，2004 年被評為浙江十大名茶之一。

主要產地：中國竹鄉浙江省安吉縣。 茶區特徵：安吉白茶生長于原始植被豐富、森林覆蓋率高達 70% 以上的浙江西北部天目山北麓、地形為"畚箕形"的輻射狀地域內，天目山和龍王山自然 保護區為茶區築起了一道天然屏障。安吉氣候宜人，土壤中含有較多的鉀、鎂等 微量元素，十分適宜茶樹生長。

製作工序：採摘玉白色一芽一葉初展鮮葉，經攤放→殺青→理條→烘乾→保存等工序加工而成。

品質特徵：外形挺直略扁，形如蘭蕙，色澤翠綠，白毫顯露，葉芽如金鑲碧鞘，內裏銀箭；沖泡後，清香高揚且持久，滋味鮮爽；葉底嫩綠明亮，芽葉朵朵可辨。

圖 2.14 安吉白茶

10·金獎惠明

歷史地位：浙江傳統名茶、中國重點名茶之一，明成化年間列為貢品，曾獲巴拿馬萬國博覽會金質獎章和一等證書。 主要產地：浙江省景寧佘族自治縣紅墾區赤木山惠明寺及際頭村附近。 茶區特徵：產區地形複雜，地勢由西南向東北漸傾，土壤屬酸性砂質黃壤土和香灰土，富含有機質。氣候冬暖夏涼、雨水充沛、綠樹環繞，加之雲霧密林形 成的漫射光，極有利於茶樹的生長發育。

製作工序：經鮮葉處理→殺青→揉撚→理條→提毫整形→攤涼→炒幹→揀剔貯藏等工序加工而成。

品質特徵：乾茶色澤翠綠光潤，銀毫顯露。沖泡後芽芽直立，旗槍輝映，滋味鮮爽甘醇，湯色清澈，帶有蘭花及水果香氣，葉底嫩勻成朵。

圖 2.15 金獎惠明

11・千島玉葉

歷史地位：該茶由千島湖林場（原名排嶺林場）於 1982 年創制，1983 年浙江農業大學教授莊晚芳親筆提名"千島玉葉"，1991 年獲"浙江名茶"證書，並先後取得"省級金獎產品"和"浙江省十大名茶"等稱號。

主要產地：浙江省淳安縣千島湖畔。 茶區特徵：茶區位于新安江水庫蓄水形成的人工湖島嶼上，湖光瀲灩，煙波浩渺，空氣濕潤，氣候涼爽。 製作工序：選取當地鳩坑良種，採摘清明前後一芽一葉初展的鮮葉，吸取龍井茶炒制技術精華，經殺青做形→篩分攤涼→輝鍋定型→篩分整理四道工序加工而成。

品質特徵：外形扁平挺直，綠翠露毫；內質清香持久，湯色黃綠明亮，滋味醇厚鮮爽，葉底肥嫩、勻齊成朵。

圖 2.16 千島玉葉

12‧洞庭碧螺春

歷史地位：中國十大名茶之一。碧螺春茶已有 1000 多年歷史，在清代康熙年間就已成為年年進貢的貢茶。 主要產地：江蘇省蘇州市吳縣太湖的東洞庭山及西洞庭山（今蘇州吳中區）一帶。

茶區特徵：茶園地處洞庭山，是三面或四面環水的湖島，自然條件優異。土壤由石英砂岩及紫雲母砂岩所構成，適宜茶樹生長。產區是中國著名的茶、果間作區，茶樹、果樹枝丫相連，根脈相通，茶吸果香，花窨茶味，陶冶著碧螺春花香果味兼備的天然品質。

製作工序：經殺青→揉撚→搓團顯毫→烘乾等工序加工而成。 品質特徵：外形條索纖細，茸毛遍佈，白毫隱翠；泡成茶後，色嫩綠明亮，味道清香濃郁，飲後有回甜之感。

圖 2.17 洞庭碧螺春

13‧南京雨花茶

歷史地位：新中國成立後，集中了當時江蘇省內的茶葉專家和制茶高手于中山陵園，選擇南京上等茶樹鮮葉，經過數十次反復改進，製成"形如松針，翠綠挺拔"的茶葉產品，以此來意喻革命烈士忠貞不屈、萬古長青，並定名為"雨花茶"，使人飲茶思源，表達對雨花臺革命烈士的崇敬與懷念。

主要產地：南京市的中山陵、雨花臺一帶的風景園林名勝處，以及市郊的江甯、高淳、溧水、六合一帶。

茶區特徵：南京縣郊茶樹大多種植在丘陵黃壤崗坡地上，年均氣溫 15.5℃，無霜期 225 天，年降水量在 900～1000 毫米，土壤屬酸性黃棕色土壤，適宜茶樹生長。

　　製作工序：鮮葉採摘以一芽一葉為標準，經輕度萎凋→高溫殺青→適度揉撚→整形乾燥等工序加工而成。　品質特徵：外形短圓，色澤幽綠，條索緊直，鋒苗挺秀，帶有白毫。乾茶香氣濃郁，沖泡後香氣清雅，如清輝照林，意味深遠。茶湯綠透銀光，毫毛豐盛。　滋味醇和，回味持久。

圖 2.18 南京雨花茶

14．黃山毛峰

歷史地位：中國十大名茶之一，由清代光緒年間謝裕大茶莊創制。
主要產地：安徽省黃山（徽州）一帶。　茶區特徵：茶區位於亞熱帶和溫帶的過渡地帶，降水相對豐沛，植被繁茂，同時山高穀深，溪多泉清濕度高，岩峭坡陡能蔽日。　製作工序：經鮮葉採摘→殺青→揉撚→乾燥等工序加工而成。　品質特徵：外形微卷，狀似雀舌，綠中泛黃，銀毫顯露，且帶有金黃色魚葉（俗稱黃金片）；入杯沖泡霧氣結頂，湯色清碧微黃，葉底黃綠，滋味醇甘，香氣如蘭，韻味深長。

圖 2.19 黃山毛峰

15．太平猴魁

歷史地位：中國十大名茶之一，2004年在國際茶博會上獲得綠茶茶王稱號。

主要產地：安徽省太平縣（現改為黃山市黃山區）一帶。 茶區特徵：該區低溫多濕，土質肥沃，雲霧籠罩。茶園皆分佈在350米以上的中低山，茶山地勢多坐南朝北，位於半陰半陽的山脊山坡。土質多為黑沙壤土，土層深厚，富含有機質。

製作工序：採摘穀雨前後的一芽三葉初展，經殺青→毛烘→足烘→複焙等工序加工而成。

品質特徵：外形兩葉抱芽，扁平挺直，自然舒展，白毫隱伏，有"猴魁兩頭尖，不散不翹不卷邊"的美名。葉色蒼綠勻潤，葉脈綠中隱紅，俗稱"紅絲線"； 蘭香高爽，滋味醇厚回甘，湯色清綠明澈，葉底嫩綠勻亮，芽葉成朵肥壯。

圖 2.20 太平猴魁

16．湧溪火青

歷史地位：湧溪火青在清代已是貢品，曾屬中國十大名茶之一。

主要產地：安徽省涇縣榔橋鎮湧溪村。 茶區特徵：湧溪是一林茶並舉的純山區，山體高大林密，土壤主要為山地黃壤，土層深厚疏鬆，結構良好，富含腐殖質。地處北亞熱帶，氣候溫和濕潤，風力小，符合茶樹生長發育的需要。

製作工序：採摘八分至一寸長的一芽二葉，經殺青→揉撚→烘焙→滾坯→做形→炒幹→篩分等工序加工而成。

品質特徵：外形圓緊捲曲如髮髻，色澤墨綠，油潤烏亮，白毫顯露耐沖泡，湯色黃綠明淨；蘭花鮮香，高且持久，葉底黃綠明亮，滋味爽甜，耐人回味。

圖 2.21 湧溪火青

17・盧山雲霧

歷史地位：中國傳統十大名茶之一，始產於漢代，已有一千多年的栽種歷史。
主要產地：江西省九江市盧山。 茶區特徵：盧山北臨長江、南倚鄱陽湖，
盧山雲霧茶的主要茶區在海拔 800 米以上的含鄱口、五老峰、漢陽峰、小
天池、仙人洞等地，這裡由於江湖水汽蒸 騰而常年雲海茫茫，一年中有霧
的日子可達 195 天之多，造就了雲霧茶獨特的品 質特徵。
製作工序：採摘 3 釐米左右的一芽一葉初展，經殺青→抖散→揉撚→炒二青
→理條→搓條→揀剔→提毫→烘乾等工序加工而成。 品質特徵：茶芽肥壯
綠潤多毫，條索緊湊秀麗，香氣鮮爽持久，滋味醇厚甘甜，湯色清澈明亮，
葉底嫩綠勻齊。

圖 2.22 盧山雲霧

18・恩施玉露

歷史地位：中國傳統名茶，據歷史記載，清康熙年間就開始產茶，1936 年

起採用蒸汽殺青。

主要產地：湖北省恩施市南部的芭蕉鄉及東郊五峰山。 茶區特徵：恩施市位於湖北省西南部，地處武陵山區腹地，山體宏大，河谷深邃，土壤肥沃，植被豐富，四季分明，冬無嚴寒，夏無酷暑，終年雲霧繚繞， 被中國農業部和湖北省政府確定為優勢茶葉區域。

製作工序：選用葉色濃綠的一芽一葉或一芽二葉鮮葉經蒸汽殺青製作而成，傳統加工工藝為：蒸青→扇乾水汽→鑊頭毛火→揉撚→鑊二毛火→整形上光（手法為摟、搓、端、絜）→揀選。

品質特徵：條索緊細、圓直，外形白毫顯露，色澤蒼翠潤綠，形如松針，湯色清澈明亮，香氣清鮮，滋味醇爽，葉底嫩綠勻整。

圖 2.23 恩施玉露

（二）江北茶區名優綠茶

1.六安瓜片

歷史地位：中華傳統歷史名茶，清代為朝廷貢品，中國十大名茶之一。

主要產地：安徽省六安市大別山一帶。

茶區特徵：山高地峻，樹木茂盛，年平均氣溫 15℃，年平均降雨量 1200~1300 毫米。土壤疏鬆，土層深厚，雲霧多，濕度大，適宜茶樹生長。

製作工序：每逢穀雨前後十天之內採摘，採摘時取二、三葉，經扳片→生鍋→熟鍋→毛火→小火→老火等工序加工而成。 品質特徵：在所有茶葉中，六安瓜片是唯一一種無芽無梗、由單片生葉製成的茶品。似瓜子形的單片，自然平展，葉緣微翹，色澤寶綠，大小勻整，不含芽尖、茶梗，清香高爽，滋味鮮醇回甘，湯色清澈透亮，葉底綠嫩明亮。

圖 2.24 六安瓜片

2 · 信陽毛尖

歷史地位：中國十大名茶之一。1915 年在巴拿馬萬國博覽會上獲金質獎。1990 年信陽毛尖品牌參加國家評比，取得綠茶綜合品質第一名。 主要產地：河南省信陽市和新縣、商城縣及境內大別山一帶。 茶區特徵：年平均氣溫為15.1℃，年平均降雨量為 1134.7 毫米，山勢起伏，森林密佈，雲霧彌漫，空氣濕潤（相對濕度 75% 以上）。土壤多為黃、黑砂壤土， 深厚疏鬆，腐殖質含量較多，肥力較高，pH 值在 4~6.5 之間。

製作工序：採摘一芽一葉或一芽一葉初展的鮮葉，經生鍋→熟鍋→理條→初 烘→攤涼→複烘等工序加工而成。

品質特徵：外形細、圓、光、直、多白毫，色澤翠綠，沖後香高持久，滋味濃醇，回甘生津，湯色明亮清澈，葉底嫩綠勻亮、芽葉勻齊。

圖 2.25 信陽毛尖

3 · 嶗山綠茶

歷史地位：1959 年，嶗山區"南茶北引"獲得成功，成功培育了品質獨特的嶗山綠茶，成就了"仙山聖水嶗山茶"的顯貴地位。

　　主要產地：山東省青島市嶗山區。 茶區特徵：嶗山地處黃海之濱，屬溫帶海洋性季風氣候，土壤肥沃，土壤呈微酸性，素有"北國小江南"之稱。 製作工序：鮮葉採摘後經攤放→殺青→揉撚→乾燥等工序加工而成。 品質特徵：具有葉片厚、豌豆香、滋味濃、耐沖泡等特徵，特級嶗山綠茶色澤翠綠，湯色嫩綠明亮，滋味鮮醇爽口，葉底嫩綠明亮。

圖 2.26 嶗山綠茶

（三）西南茶區名優綠茶

1·蒙頂甘露

歷史地位：中國最古老的名茶，被尊為"茶中故舊""名茶先驅"，為中國十大名茶、中國頂級名優綠茶、捲曲型綠茶的代表。 主要產地：地跨四川省名山、雅安兩縣的蒙山一帶。 茶區特徵：蒙山位於四川省邛崍山脈之中，東有峨眉山，南有大相嶺，西靠夾金山，北臨成都盆地，青衣江從山腳下繞過，終年煙雨濛濛，自然條件優越。 製作工序：採摘單芽或一芽一葉初展的鮮葉，經攤放→殺青→頭揉→炒二青→二揉→炒三青→三揉→做形→初烘→勻小堆→複烘→勻堆等工序加工而成。 品質特徵：外形美觀，葉整芽全，緊卷多毫，嫩綠色潤，內質香高而爽，味醇而甘，湯色黃中透綠，透明清亮，葉底勻整，嫩綠鮮亮。

圖 2.27 蒙頂甘露

2．竹葉青

歷史地位：現代峨眉竹葉青是 20 世紀 60 年代創制的名茶，其茶名是中國陳毅元帥所取。

主要產地：四川省峨眉山。

茶區特徵：海拔 800 ～ 1200 米峨眉山山腰的萬年寺、清音閣、白龍洞、黑水寺一帶，群山環抱，終年雲霧繚繞，翠竹茂密，十分適宜茶樹生長。

製作工序：清明前採摘一芽一葉或一芽二葉初展的鮮葉，經攤放→殺青→頭炒→攤涼→二炒→攤涼→三炒→攤涼→整形→乾燥等工序加工而成。

品質特徵：形狀扁平直滑、翠綠顯毫形似竹葉，香氣濃郁，湯色清澈，滋味醇厚，葉底嫩勻。

圖 2.28 竹葉青

3．都勻毛尖

歷史地位：中國十大名茶之一，1956 年由毛澤東親筆命名。

主要產地：貴州省都勻市。

　　茶區特徵：主要產地在團山、哨腳、大槽一帶，這裡山谷起伏，海拔千米，峽谷溪流，林木蒼鬱，雲霧籠罩，四季宜人。土層深厚，土壤疏鬆濕潤，土質是酸性或微酸性，內含大量的鐵質和磷酸鹽。

　　製作工序：清明前後採摘一芽一葉初展的鮮葉，經攤放→殺青→揉撚→解塊→理條→初烘→攤涼→複烘等工序加工而成。 品質特徵：具有"三綠透黃色"的特色，即乾茶色澤綠中帶黃，湯色綠中透黃，葉底綠中顯黃。

圖 2.29 都勻毛尖

（四）華南茶區名優綠茶

1·西山茶

　　歷史地位：全國名茶之一，主要產品有"棋盤石"牌西山茶、西山白毛尖等。

　　主要產地：廣西壯族自治區桂平市西山寺一帶。

　　茶區特徵：最高山岩海拔 700 米左右，山中古樹參天，綠林濃蔭，雲霧悠悠，潯江水色澄碧似錦。氣候溫和、雨量充沛，乳泉昌瑩，冬不涸，夏不溢，是茶樹生長的理想環境。

　　製作工序：採摘標準為一芽一葉或一芽二葉初展，經攤青→殺青→揉撚→初炒→烘焙→複炒等工序加工而成。

　　品質特徵：茶色暗綠而身帶光澤，索條勻稱，苗鋒顯露，纖細勻整，呈龍卷狀，黛綠銀尖，茸毫蓋鋒梢，幽香持久；湯色淡綠而清澈明亮，葉底嫩綠明亮；滋味醇和，回甘鮮爽，經飲耐泡，飲後齒頰留香。

圖 2.30 西山茶

2·白沙綠茶

歷史地位：白沙綠茶係海南省國營白沙農場茶廠生產的海南省名牌產品，為最具有海南地方特色的特產，是白沙農場的支柱產業之一。 主要產地：海南省五指山區白沙黎族自治縣境內的國營白沙農場。 茶區特徵：產茶區四面群山環繞，溪流縱橫，雨量充沛，氣溫溫和，屬高山雲霧區，年均陰霧日 215 天，月均氣溫 16.4℃ ~26.9℃，年均降雨量 1725 毫米。 產區內有 70 萬年前方圓十公里的隕石衝擊坑，其中衝擊角礫岩岩石的礦物質相當豐富，表層腐殖層深厚，表土層厚達 40 釐米至 60 釐米左右，排水和透氣性良好，生物活性較強，營養豐富。

製作工序：多以一芽二葉初展的芯葉為原料，經殺青→揉撚→乾燥等工序加工而成。

品質特徵：外形條索緊結、勻整、無梗雜、色澤綠潤有光，香氣清高持久，湯色黃綠明亮，葉底細嫩勻淨，滋味濃醇鮮爽，飲後回甘留芳，連續沖泡品茗時具有"一開味淡二開吐，三開四開味正濃，五開六開味漸減"的耐沖泡性。

圖 2.31 白沙綠茶

第三篇
綠 茶之類——暗香美韻競爭輝

綠茶為不發酵茶，其乾茶色澤和沖泡後的茶湯、葉底以綠色為主調，故名。在各大茶類中，綠茶類的名品最多，不但香高味長，品質優異，且外觀造型千姿百態，展現出了不同的風姿與韻味。

一、綠茶基本分類方法

　　茶葉分類標準眾多，大體上可分為基本茶類和再加工茶類兩大部分，綠茶屬於基本茶類，也可再細分為基本綠茶和再加工綠茶。基本綠茶按照加工工藝又可分為毛茶和精製茶，而再加工綠茶則是指以綠茶為茶坯進行深加工的茶葉製品，如花茶、緊壓綠茶、萃取綠茶、袋泡綠茶、果味綠茶、綠茶飲料、綠茶食品以及提取綠茶中的有效物質製成的藥品製劑等。

表 3.1　綠茶的不同分類方法

按產地分類	分為浙江綠茶、安徽綠茶、四川綠茶、江蘇綠茶、江西綠茶等
按季節分類	分為春茶、夏茶和秋茶，其中春茶品質最好，秋茶次之，夏茶一般不採摘。春茶按照節氣不同又有明前茶、雨前茶之分
按級別分類	分為特級、一級、二級、三級、四級、五級等，有的特級綠茶還會細分為特一、特二、特三等級別
按外形分類	分為針形茶（安化松針等）、扁形茶（如龍井茶、千島玉葉等）、曲螺形茶（如碧螺春、蒙頂甘露等）、片形茶（如六安瓜片等）、蘭花形茶（如太平猴魁等）、單芽形茶（如雪水雲綠等）、直條形茶（如南京雨花茶、信陽毛尖等）、曲條形茶（如徑山茶等）、珠形茶（如平水珠茶等）等
按歷史分類	分為歷史名茶（如顧渚紫筍等）和現代名茶（如南京雨花茶等）
按加工方式分類	分為機制綠茶和手工炒製綠茶，高檔名優綠茶大多是全手工製作，也有些高檔茶採用機械或半機械半手工製作
按品質特徵分類	分為名優綠茶和大宗綠茶
按殺青和乾燥方式分類	分為蒸青綠茶、炒青綠茶、烘青綠茶、曬青綠茶四大類

　　在眾多分類方法中，最常見的是以製作綠茶時殺青和乾燥方式的不同作為依據。

（一）蒸青綠茶

蒸青綠茶是指採用蒸汽殺青工藝制得的成品綠茶，是中國古代漢族勞動人民最早發明的一種茶類，比其他加工工藝的歷史更悠久。《茶經·三之造》中記載其制法為："晴，采之。蒸之，搗之，拍之，焙之，穿之，封之，茶之幹矣。"即將采來的茶鮮葉，經蒸青或輕煮"撈青"軟化後揉撚、乾燥、碾壓、造形而成。

圖 3.1 蒸青綠茶

蒸青綠茶的新工藝保留了較多的葉綠素、蛋白質、氨基酸、芳香物質等，造就了"三綠一爽"的品質特徵，即色澤翠綠，湯色嫩綠，葉底青綠；茶湯滋味鮮爽甘醇，帶有海藻味的綠豆香或板栗香。但香氣較悶帶青氣，澀味也比較重，目前的市場份額遠不及鍋炒殺青綠茶，恩施玉露、仙人掌茶等是僅存不多的蒸青綠茶品種。近幾年來，浙江、江西等地也有多條蒸青綠茶生產線，產品少量在內地銷售，大部分則出口銷往日本。

（二）炒青綠茶

如今，炒青綠茶是中國產量最多的綠茶類型，具有顯著的鍋炒高香，西湖龍井、碧螺春、蒙頂甘露、信陽毛尖等均是炒青綠茶的代表。

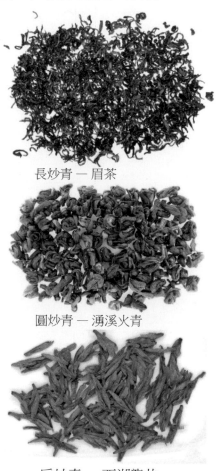

長炒青 — 眉茶

圓炒青 — 湧溪火青

扁炒青 — 西湖龍井

圖 3.2 炒青綠茶

炒青綠茶因採用炒乾的乾燥方式而得名，按外形可分為長炒青、圓炒青和扁炒青三類。長炒青形似眉毛，又稱為眉茶，品質特點是條索緊結，色澤綠潤，香高持久，滋味濃郁，湯色、葉底黃亮；圓炒青外形如顆粒，又稱為珠茶，具有外形圓緊如珠、香高味濃、耐泡等品質特點；扁炒青又稱為扁形茶，成品扁平光滑、香鮮味醇。

（三）烘青綠茶

烘青綠茶就是在初制綠茶的乾燥過程中，用炭火或烘乾機烘乾的綠茶。特點是外形完整稍彎曲、鋒苗顯露、幹色墨綠、香清味醇、湯色葉底黃綠明亮。

圖 3.3 烘青綠茶

烘青綠茶產區分佈較廣，以安徽、浙江、福建三省產量較多，其他產茶省也有少量生產，產量僅次於眉茶。大部分烘青綠茶均被用作窨制花茶的茶坯，銷路很廣，如中國的東北、華北、西北和四川成都地區等，深受國內茶人的喜愛。

（四）曬青綠茶

曬青綠茶就是直接用日光曬乾的綠茶，古人採集野生茶樹芽葉曬乾後收藏，大概可算是曬青茶工藝的萌芽，距今已有三千多年，是最古老的乾燥方式。20 世紀 50 年代，曬青綠茶產區遍佈雲南、貴州、四川、廣東、廣西、湖南、湖北、陝西、河南等省，產品有滇青（即滇曬青，以下同）、黔青、川青、粵青、桂青、湘青、陝青、豫青等，其中以雲南大葉種為原料加工而成的滇青品質最好。曬青毛茶除少量供內銷和出口外，主要作為沱茶、緊茶、餅茶、方茶、康磚、茯磚等緊壓茶的原料。

圖 3.4 曬青綠茶

二、適制綠茶茶樹品種

目前，人們對於茶樹品種的認知往往存在一定的錯誤，很多人甚至認為綠茶是由"綠茶樹"的葉子製成的，紅茶是由"紅茶樹"的葉子製成的等等，這種想法是完全錯誤的。實際上六大茶類是根據加工方法不同進行區分的，並不是根據茶樹品種進行區分的。茶樹的品種有好幾百種，同一種鮮葉，不經發酵便能製成綠茶，全發酵便能製成紅茶……即每一種茶樹的鮮葉都可以用於加工綠茶、紅茶、烏龍茶等茶類，具體加工成哪一種茶要根據特定品種的茶類適制性進行選擇。

不同的茶樹品種具有不同的品質特性，這些特性決定了它適合製作哪一類茶葉，這便是所謂的茶類適制性，可以通過芽葉的物理特性觀察和化學特性測定進行間接評估。一般葉片小、葉張厚、葉質柔軟、細嫩、色澤顯綠、茸毛多的品種適制顯毫類的綠茶，如毛峰、毛尖、銀芽等，易塑造出外形"白毫滿披、銀裝素裹"的品質特色；芽葉纖細、葉色黃綠或淺綠、茸毛較少的品種，適制少毫型的龍井類扁形綠茶，易塑造出外形扁平光滑、挺秀尖削、色澤綠翠的品質特色。

部分適制綠茶的茶樹品種如下表：

表 3.2　部分適制綠茶的茶樹品質特性

茶樹品種	學名	來源	基本特徵	地理分佈
浙農 139	*Camellia Sinensis cv. Zhenong 139*	浙江農業大學茶學系（現浙江大學農業與生物技術學院茶學系）選育	小喬木型，中葉類，早芽種	浙江、江西、重慶等省市有少量引種，適宜種植于浙江茶區
浙農 117	*Camellia Sinensis cv. Zhenong 117*	浙江農業大學茶學系（現浙江大學農業與生物技術學院茶學系）選育	小喬木型，中葉類，早芽種	浙江、重慶等省市有引種，適宜種植於浙江茶區
龍井 43	*Camellia Sinensis cv. Longjing 43*	中國農業科學院茶葉研究所選育	灌木型，中葉類，特早芽種	適宜在長江中下游茶區種植
福雲 6 號	*Camellia Sinensis cv. Fuyun 6*	福建省農業科學院茶葉研究所選育	小喬木型，大葉類，特早芽種	在閩、浙、桂、湘、川、黔、蘇等省廣泛推廣栽培，適宜在江南茶區選擇中低海拔園地種植

續表

茶樹品種	學名	來源	基本特徵	地理分佈
迎霜	*Camellia Sinensis cv. Yingshuang*	杭州市茶葉研究所選育	小喬木型，中葉類，早芽種	在浙、皖、蘇、鄂、豫等省均有栽培，適宜在江南綠茶、紅茶茶區種植
碧雲	*Camellia Sinensis cv. Biyun*	中國農業科學院茶葉研究所選育	小喬木型，中葉類，中芽種	主要分佈在浙江、安徽、江蘇、江西、湖南、河南等省，適宜在江南綠茶茶區種植
黔湄502	*Camellia Sinensis cv. Qianmei 502*	貴州省湄潭茶葉科學研究所選育	小喬木型，大葉類，中芽種	主要分佈在貴州南部、西南部以及遵義、銅仁、安順、貴陽等地區。四川省的筠連、雅安和重慶市的璧山、永川以及廣東、廣西、湖南、福建等省區有引種，適宜在西南茶區種植
黔湄601	*Camellia Sinensis cv. Qianmei 601*	貴州省湄潭茶葉科學研究所選育	小喬木型，大葉類，中芽種	主要分佈在貴州南部、西南部以及湄潭、遵義、貴定、普安、黎平、興義、銅仁等地，重慶市的江津、榮昌、永川以及廣東、廣西、湖南、湖北等省區有引種，適宜在西南茶區種植
寧州2號	*Camellia Sinensis cv. Ningzhuo 2*	江西省九江市茶葉科學研究選育	灌木型，中葉類，中芽種	在江西各主要茶區推廣，浙江、安徽、江蘇、湖南等省有少量引種，適宜在江南茶區種植
上梅州	*Camellia Sinensis cv. Shangmeizhou*	原產江西省婺源縣上梅州村	灌木型，大葉類，中芽種	目前已有12個省、市引種，適宜在江南綠茶茶區種植
烏牛早	*Camellia Sinensis cv. Wuniuozao*	原產浙江省永嘉縣	灌木型，中葉類，特早芽種	適宜在浙江省尤其是扁形類名優茶產區作早生搭配品種推廣
早逢春	*Camellia Sinensis cv. Zaofengchun*	福建省福鼎市茶業管理局選育	小喬木型，中葉類，特早芽種	主要分佈在福建東部茶區，福建北部、浙江南部、浙江東部、安徽南部等有引種，近年來，浙江金華地區引進試種，開採期與烏牛早接近

茶樹品種	學名	來源	基本特徵	地理分佈
龍井長葉	*Camellia Sinensis cv. Longjingzhangye*	中國農業科學院茶葉研究所選育	灌木型，中葉類，早芽種	主要分佈在浙江、江蘇、安徽、山東等省，適宜在江南、江北茶區種植
信陽10號	*Camellia Sinensis cv. Xinyang* 10	河南省信陽茶葉試驗站選育	灌木型，中葉類，中芽種	主要分佈在河南信陽茶區，湖南、湖北等省有少量引種，適宜在江北和寒冷茶區種植

安徽 1

碧雲

福鼎大白茶

寒綠

鳩坑

龍井 43

龍井長葉

水古茶

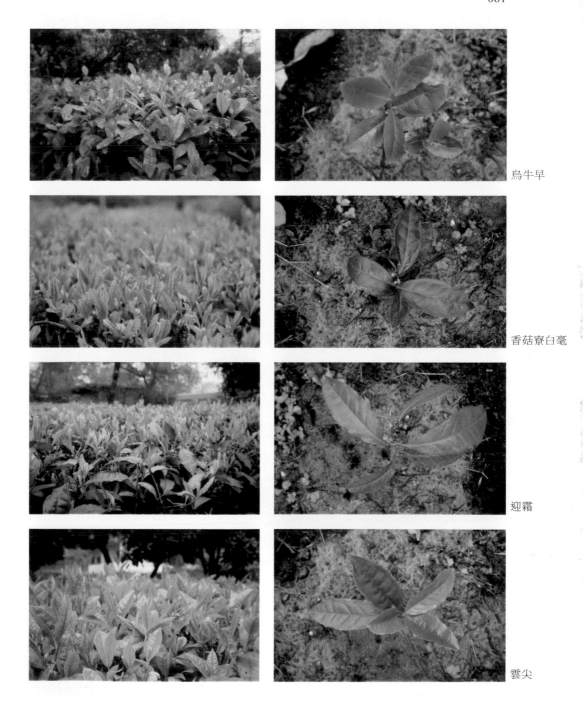

烏牛早

香菇寮白毫

迎霜

雲尖

浙農 21

浙農 113

浙農 139

紫筍

圖 3.5 部分適製綠茶的茶樹品種

三、再加工類綠茶產品

綠茶作為中國產量最大的茶類，除了人們普遍接受的直接沖泡方式外，綠茶的再加工也是一直以來廣受關注的領域，最早可追溯至唐宋時期，延續至今仍在不斷進步與創新。再加工茶是指以綠茶、紅茶、青茶、白茶、黃茶和黑茶的毛茶或精茶為原料，再加工而成的產品，這類產品的外形或內質與原產品有著較大的區別。常見的再加工類綠茶有以下幾種：

（一）花茶

在綠茶的眾多再加工工藝中，以花茶的工藝最為嫻熟與出色。花茶又稱熏花茶、香花茶、香片，是中國獨特的茶葉品類。花茶由精製茶坯與具有香氣的鮮花拌和，通過一定的加工方法，促使茶葉吸附鮮花的芬芳香氣而成。絕大部分花茶都是用綠茶製作，根據其所用香花品種的不同，可分為茉莉花茶、玉蘭花茶、桂花花茶、珠蘭花茶等，其中以茉莉花茶產量最大。茉莉花茶的主產地有福建福州、廣西橫縣、江蘇蘇州等，其窨制過程主要是茉莉鮮花吐香和綠茶坯吸香的過程。成熟的茉莉花苞在酶、溫度、水分、氧氣等作用下，分解出芳香物質被綠茶坯吸附，進而發生複雜的化學變化，茶湯從綠逐漸變黃亮，滋味由淡澀轉為濃醇，形成花茶特有的香、色、味。茉莉花茶的窨制傳統工藝程序為：茶坯與鮮花拼和、堆窨、通花、收堆、起花、烘焙、冷卻、轉窨、提花、勻堆、裝箱。

常見的茉莉花茶有茉莉銀針、茉莉龍珠、茉莉女兒環等。

（二）緊壓綠茶

將殺青、揉撚後未經乾燥的綠茶放在不同造型的模具中壓制成型、幹燥，或者將已經乾燥的綠茶經蒸軟後再壓制成型，如此制得的茶葉稱為綠茶緊壓茶。緊壓茶生產歷史悠久，大約於11世紀前後，四川的茶商已將綠毛茶蒸壓成餅，運銷西北等地。緊壓茶具有防潮性能好、便於運輸和貯藏的特點，在少數民族地區非常流行。若使用刻有圖案的模具，還能生產出形狀和表面形態各異的緊壓茶，不僅能夠飲用，還兼具觀賞和裝飾之用。

常見的緊壓綠茶有雲南的綠沱等。

圖 3.6 雲南綠沱

（三）萃取綠茶

以綠茶為原料，用熱水萃取茶葉中的可溶物，過濾去茶渣，茶汁再經濃縮、乾燥製成的固態或液態茶統稱為萃取綠茶。萃取綠茶可以直接用冷水沖泡，或添加果汁等調飲，也可作為添加材料用於加工其他食品。

①即溶茶粉 即溶茶粉是通過高科技萃取手段

提煉茶葉中的有效成分，並對萃取出的成分進行科學拼配而成的再加工茶，具有無農殘、無添加、完全溶于水、冷熱皆宜等特性，不需高溫沖泡即可食用，可以作為食品添加物、調味料和天然色素等。其中以綠茶粉最為常見。

圖 3.7 即溶綠茶茶粉

②茶多酚系列產品

綠茶中富含的茶多酚具有降血脂、降血糖、防治心腦血管疾病、抗氧化、抗衰老、清除自由基、抗輻射、殺菌、消炎、調節免疫功能等功效，提取綠茶中的茶多酚製成食品、藥品、保健品、化妝品等具有廣闊的市場前景。

（四）袋泡綠茶

袋泡綠茶也稱綠茶包，相較於其他形式的飲茶方式，具有便於攜帶、易於沖泡、省事省時的優勢。與傳統沖泡方式相比，袋泡茶中的茶葉經研磨後，有效成分的釋放也更加快速、完全。

　　常見的袋泡茶茶袋材質有濾紙、無紡布、尼龍、玉米纖維等，形狀有單室茶包、雙室茶包、抽線茶包、三角立體茶包等。袋泡茶發展到今天，在材質、形狀以及茶葉種類上都有許多改進和豐富之處，且不斷培養出新的消費群體，引領現代茶飲的"快時代"。

圖 3.8 不同材質、不同形狀的茶包

（五）綠茶飲料

　　綠茶飲料是指以綠茶的萃取液、茶粉、濃縮液等為主要原料加工而成的飲料，不但具備綠茶的獨特風味，還含有天然茶多酚、咖啡鹼等茶葉有效成分，是清涼解渴、營養保健的多功能飲料。罐裝綠茶飲料工藝流程為：綠茶→浸提→過濾→調配→加熱（90℃）→罐裝→充氮→密封→殺菌→冷卻→檢驗→成品。

　　除了上述再加工產品以外，綠茶已被廣泛應用到各個領域，日常生活中我們經常會見到含有綠茶成分的食品、牙膏、化妝品等。

素業茶院設計作品

第四篇

綠 茶之制——巧匠精藝出佳茗

　　任何一個優良的茶樹品種，任何一種精細栽培技術生產出來的鮮葉，都需經過細緻的加工過程才能成為優質的成品茶。綠茶的主要加工工藝有殺青、揉撚、乾燥等步驟，其特點是通過殺青破壞酶促氧化作用，再經揉撚或其他方法做形，最後乾燥制得成品茶。

一、綠茶加工原理

（一）綠茶色澤的形成

綠茶的品質特點突出在"三綠"，即乾茶翠綠、湯色碧綠、葉底鮮綠，其顯著的色澤有的是茶葉中內含物質所具備的，有的是在加工過程中轉化而來的。茶葉鮮葉中的色素包括脂溶性色素（葉綠素類、葉黃素類、胡蘿蔔素類）和水溶性色素（花黃素、花青素類），這兩類色素在加工過程中都會發生變化，其中變化較深刻、對綠茶色澤影響較大的是葉綠素的破壞和花黃素的自動氧化。

在高溫殺青的過程中，脂溶性的葉綠素發生分解，形成有一定親水性的葉綠醇和葉綠酸，揉撚後葉細胞組織破壞，附著在葉表的茶汁經沖泡能夠部分溶解進入茶湯，這是綠茶茶湯呈綠色的原因之一。

花黃素類是多酚類化合物中自動氧化部分的主要物質，在初制熱作用下極易氧化，其氧化產物是橙黃色或棕紅色，會使茶湯湯色帶黃，甚至泛紅。因此在殺青過程中應使葉溫快速升高，防止多酚類化合物氧化。此外，因高溫濕熱的影響，特別是經殺青、毛火、揉撚工序後，鮮葉內葉綠素顯著減少，會使綠茶變為黃綠色。所以在加工過程中，應控制好濕熱作用對葉綠素的破壞，以保持綠茶的翠綠色澤。

（二）綠茶香氣的發展

綠茶特有的香氣特徵是葉中所含芳香物質的綜合反映，這些香氣成分有的是鮮葉中原有的，有的是在加工過程中形成的。鮮葉內的芳香物質有高沸點和低沸點芳香物質兩種，前者具有良好香氣，後者帶有極強的青臭氣。高溫殺青過程中，低沸點的芳香物質（青葉醇、青葉醛等）大量散失，而具有良好香氣的高沸點芳香物質（如苯甲醇、苯丙醇、芳樟醇）等顯露出來，成為構成綠茶香氣的主體物質。

同時，加工過程中，葉內化學成分發生一系列化學變化，生成一些使綠茶香氣提高的芳香新物質，如成品綠茶中具紫羅蘭香的紫羅酮、具茉莉茶香的茉莉酮等。

此外，茶葉炒制過程中，葉內的澱粉會水解成可溶性糖類，溫度過高會進而發生反應產生焦糖香，一定程度上會掩蓋其他香氣，嚴重時還會產生焦糊異味，故乾燥過程中要掌握好火候。

（三）綠茶滋味的轉化

　　綠茶滋味是由葉內所含可溶性有效成分進入茶湯而產生的，主要是多酚類化合物、氨基酸、水溶性糖類、咖啡鹼等物質的綜合作用呈現。這些物質有各自的滋味特徵，如多酚類化合物有苦澀味和收斂性，氨基酸有鮮爽感，糖類有甜醇滋味，咖啡鹼微苦。這些物質相互結合、彼此協調，共同構成了綠茶的獨特滋味。

　　多酚類化合物是茶葉中可溶性有效成分的主體，在加工過程的熱作用下，有些苦澀味較重的脂型兒茶素會轉化成簡單兒茶素或沒食子酸，一部分多酚類化合物也會與蛋白質結合成為不溶性物質，從而減少苦澀味。同時，加工過程中，部分蛋白質水解成游離氨基酸，氨基酸的鮮味與多酚類化合物的爽味相結合，構成綠茶鮮爽的滋味特徵。

二、綠茶加工技術

　　綠茶為不發酵茶，不同綠茶加工方法各不相同，但基本工序均可簡單概括為鮮葉採摘→殺青→揉撚→乾燥。

（一）鮮葉採摘

　　鮮葉又稱生葉、茶草、青葉等，是茶樹頂端新梢的總稱，包括芽、葉、梗。在茶葉加工過程中，鮮葉內的化學成分發生一系列物理化學變化，進而形成不同的品質特徵。

採茶圖1（袁高亮·攝）

採茶圖1（袁高亮·攝）

圖 4.1 茶園採茶

　　茶鮮葉的含水率一般在 75%~80% 左右，製成的乾茶含水率一般在 4%~6% 左右，因此常見的情況是 3~5 斤鮮葉能制得 1 斤乾茶。用於加工綠茶的鮮葉，葉色深綠或黃綠、芽葉色紫的不宜選用；葉型大小上以中小葉種為宜；化學組分上以葉綠素、蛋白質含量高的為好，多酚類化合物的含量不宜太高，尤其是花青素含量更應減少到最低限度。

　　綠茶要求採摘細嫩鮮葉，名優綠茶要求更高，一般為單芽、一芽一葉、一芽一二葉初展。採摘要勻淨，不得混有茶梗、花蕾、茶果等雜物。採摘好的鮮葉應儲放在陰涼、通風、潔淨的地方，堆放不能過厚、不能擠壓，以免引起鮮葉劣變，如紅邊、紅莖等。

圖 4.2 採摘下的茶樹鮮葉

（二）殺青

　　殺青是綠茶加工過程中最關鍵的

工序，主要目的是破壞酶的活性，制止多酚類物質的酶促氧化，同時散發青氣發展茶香，改變鮮葉內含成分的部分性質，促進綠茶品質特徵的形成。另外還能蒸發部分水分，增加葉質韌性，便於後續的揉撚造形。

　　綠茶殺青應做到"殺勻、殺透、不生不焦、無紅梗紅葉"，具體操作時應掌握"三原則"："高溫殺青、 先高後低"拋（抖）悶結合、多拋（抖） 少悶""嫩葉老殺、老葉嫩殺"。

　　①高溫殺青、先高後低。高溫殺青使葉溫迅速升高到 80℃ 以上，有助於破壞酶活性、蒸發水分、發展香氣。溫度首先要比較高，一方面能夠迅速徹底地破壞酶活性，保障殺青效果；另一方面為了把葉綠素充分釋放出來，開水沖泡後大部分能夠溶解在茶湯內，使茶湯碧綠，葉底嫩綠，不出現生葉；此外，高溫還能夠迅速蒸發水蒸氣，去掉水悶味，同時帶走青草氣，形成良好的香氣。隨後溫度應降下來，避免炒焦而產生焦氣，也避免水分散失過快過多而導致揉撚時難以成條，成片多碎末多。

　　②拋悶結合，多拋少悶。"拋"的手法就是將葉子揚高，使葉子蒸發 出來的水蒸氣和青草氣迅速散發。"多 拋"有助於使清香透發，防止葉色黃變。 而"悶"則是加蓋不揚葉，利用悶炒 形成的高溫蒸汽的穿透力，使梗脈內 部驟然升溫，迅速使酶失活。短時間

圖 4.3 2016 西湖龍井茶炒茶王大賽

悶殺能減輕苦澀味，時間長些就產生悶黃味和水悶味，因此要"少悶"。

拋悶如何結合，拋多少悶多少，要看具體鮮葉而定，一般嫩葉要多拋，老葉要多悶。

③嫩葉老殺、老葉嫩殺。"老殺"是指葉子失水多一些，"嫩殺"是指葉子失水適當少些。嫩葉中酶活性較強，需要老殺，否則酶活性不能得到徹底的破壞，易產生紅梗紅葉。此外，嫩葉中含水量高，如果嫩殺，揉撚時液汁易流失，使其柔軟度和可塑性降低，加壓葉易揉成糊狀，芽葉易斷碎。低級粗老葉含水量少，纖維素含量較高，葉質粗硬，嫩殺後殺青葉含水量不至於過少，可避免揉撚時難以成條、加壓時容易斷碎等問題。

滾筒殺青機　高溫熱風殺青機

圖 4.4 綠茶殺青機械

（三）揉撚

揉撚的目的是利用機械力使殺青葉緊結條索，有利於後續的乾燥整形，同時適當破壞葉片組織，使茶葉內含物質更容易泡出，對提高綠茶的滋味濃度有重要意義。根據葉子的老嫩程度，主要有熱揉、冷揉、溫揉三種情況：

①熱揉。即殺青葉不經攤涼趁熱揉撚，適用於較老的葉子。究其原因，一方面老葉纖維素含量高，水溶性果膠物質少，在熱條件下，纖維素軟化容易成條；另一方面老葉澱粉、糖含量多，趁熱揉撚有利澱粉繼續糊化，並同其他物質充分混合；此外，熱揉的缺點是葉色易變黃，並有水悶氣，但對老葉來說，香氣本來就不高，因此影響不大；同時，老葉含葉綠素較多、色深綠，熱揉失去一部分葉綠素，使葉底更明亮。

②冷揉。即殺青葉出鍋後經過一段時間的攤涼，葉溫下降到一定程度時再揉

撚，適用於高級嫩葉。原因是嫩葉纖維素含量低、水溶性果膠物質多，容易成條；同時加工嫩葉對品質要求較高，冷揉能保持良好的色澤和香氣。

③溫揉。即殺青葉出鍋後稍經攤涼後揉撚，適用於中等嫩度的葉子。中等嫩度的葉子介於嫩葉和老葉之間，揉撚時既要考慮茶葉的條索，又要顧及香氣和湯色，故採用"溫揉"。

一般揉撚適度的標準為：細胞破損率 45%~55%，茶汁粘附於葉面，手摸有濕潤黏手的感覺。在外形方面應做到揉撚葉緊結、圓直、均勻完整，防止鬆條、扁條、彎曲、團塊、碎片等。具體操作時，嫩葉、雨水葉應冷揉，老葉應熱揉；同時老葉"長揉重壓"，嫩葉"短揉輕壓"。

圖 4.5 綠茶手工揉撚

圖 4.6 綠茶揉撚機械

此外，很多名優綠茶並不經過揉撚這一工序，如扁形的龍井茶只通過在鍋中邊炒邊壓扁進行造形；蘭花形的太平猴魁通過在鍋中輕抓輕拍進行造形。

（四）乾燥

乾燥是茶葉整形做形、固定茶葉品質、發展茶香的重要工序。綠茶幹燥一般採用炒乾、曬乾、烘乾三種方式，製成的綠茶分別稱為炒青綠茶、曬青綠茶、烘青綠茶。其中，炒青綠茶的乾燥分炒二青、炒三青和輝鍋三次進行：

①炒二青。該步驟主要是蒸發水分和散失青草氣以及補頭青（殺青）的不足。二青葉是殺青後並進行揉撚過的葉子，水分含量高，茶汁粘附在葉表面，應採用高溫、投葉量適當少、快滾、排氣的技術措施，避免形成"鍋巴"、產生煙焦氣、葉子受燜。有的地方制茶採用烘二青，主要是為了克服炒二青易產生鍋巴和煙焦氣的缺點，採取的技術措施是高溫、薄攤、短時。二青葉適度標準為：減重率 30%，含水量 35%～40%；手捏茶葉有彈性，手握不易鬆散；葉質軟，黏性，葉色綠，無煙焦和水悶氣。

②炒三青。該步驟的作用是進一步散發水分、整形。 三青葉水分在 35%～40% 左右，水分含量仍然很高，要迅速蒸發水分，鍋溫採取"先低、中高、後低"的技術措施。三青葉適度標準為：含水量控制在 15% ～ 20% 左右，條索基本收緊，部分發硬，茶條可折斷，手捏不會斷碎，有刺手感即可。

③輝鍋。該步驟的作用主要是整形，促使茶條進一步緊結、光滑，並在整形過程中繼續蒸發水分，增進茶香，形成炒青茶所特有的品質規格。輝鍋葉含水量約 20% 左右，葉子用力過重易斷碎，故應採用文火長炒、投葉適量、分段進行的技術措施。輝鍋適度的標誌：含水量 5%～6%，梗、葉皆脆，手撚葉子能成碎末，色澤綠潤。輝幹起鍋的毛茶，要及時攤涼，然後裝袋入庫貯存，嚴防受潮或污染。

茶葉烘乾機

雙鍋曲毫炒乾機

圖 4.7 茶葉乾燥機械

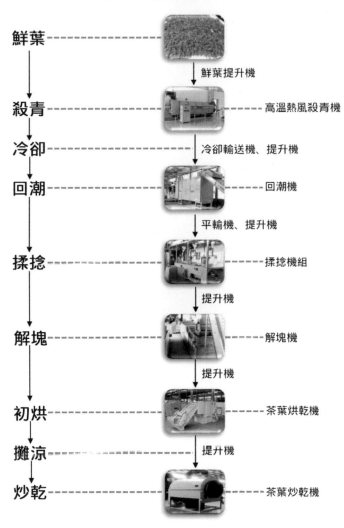

圖 4.8 炒青綠茶機械加工示意圖

延伸閱讀：西湖龍井手工炒制技藝

西湖風景美如畫，龍井名茶似佳人，當年龍井承皇恩，御筆一揮天下聞。西湖龍井不僅承載著厚重的歷史文明，更是傾注了世代茶人無盡的心血。有人說，西湖龍井是一種工藝品，是不能用機器製造來代替的，唯有手工炒制的龍井才能代表其價值與品質。傳統的手工龍井炒制技術主要分為以下幾步：

①采鮮葉。西湖龍井茶的採摘標準要求十分嚴格，鮮葉標準分四檔：特級（一芽一葉初展）、一級（一芽一葉）、二級（一芽一葉至一芽二葉）、三級（一芽二葉至一芽三葉）。採摘時要求"三不采"（不采紫色芽葉、不采病蟲芽葉、不采碎）、"四不帶"（不帶老葉、不帶老梗、不帶什物、不帶夾蒂）。

②攤青葉。採摘下來的鮮葉付炒前，鮮葉必須經過攤放，一般需薄攤4～12小時，失重在17%～20%左右，葉子含水量達到約70%～72%。適當攤放，能夠促使芽葉內成分發生有利的理化變化。

③青鍋。西湖龍井茶的炒制技術十分獨特，是根據特定的品種和

第一步　採鮮葉

圖 4.9 采鮮葉

第二步　攤青葉

圖 4.10 攤青葉

原料而量身定做的，全程全憑手工在一口特製光滑的鍋中操作，加工過程中"攤放、青鍋、攤涼、輝鍋、挺長頭"環環相扣，其中青鍋和輝鍋是整個炒製作業的重點與關鍵。青鍋的目的是保持鮮葉的綠色和做形，同時使原來70%的含水量下降到30%～35%。

④攤涼。青鍋後需將殺青葉放於陰涼處進行薄攤回潮。西湖龍井茶炒制有一套獨特的方法，歸納為"抓、抖、搭、搨[1]、捺、推、扣、甩、磨、壓" 十大手法。十大手法在炒制時根據實際情況交替使用、有機配合，做到動作到位，茶不離鍋，

手不離茶。

⑤輝鍋。輝鍋的作用在於進一步做好扁平條索，增進光潔度，進一步揮發香氣，同時使含水量進一步下降到7%左右。

⑥分篩。用篩子把茶葉分篩，簸去黃片，篩去茶末，使成品大小均勻。

⑦挺長頭　複輝又稱"挺長頭"，鍋溫一般保持在60度左右，一般採用抓、推、磨、壓等手法結合，達到平整外形，透出潤綠色、均勻乾燥程度及色澤的目的。

⑧收灰。炒制好的西湖龍井茶極易受潮變質，必須及時用布袋或

圖 4.11 青鍋

圖 4.12 攤涼

---

[1]搨，音"踏"，通"拓"。

第五步 輝鍋

圖 4.13 輝鍋

第六步 分篩

圖 4.14 分篩

第七步 挺長頭

圖 4.15 挺長頭

第八步 收灰

第九步 上市

圖 4.16 收灰、上市

紙包包起，放入底層鋪有塊狀石灰（未吸潮風化的石灰）的缸中加蓋密封收藏。貯藏得法，約經半個月到一個月的時間，西湖龍井茶的香氣更加清香馥鬱，滋味更加鮮醇爽口。保持乾燥的西湖龍井茶貯藏一年後仍能保持色綠、香高、味醇的品質。

⑨上市。手工炒制的西湖龍井茶，外形扁平光滑，芽葉飽滿、重實，挺秀尖削呈碗釘形，色澤嫩綠光潤。乾嗅香氣充足，香高撲鼻，沖泡後香氣飽滿、濃郁、持久。滋味鮮醇甘爽，味中帶有濃郁的茶香，豐富感強且耐泡。杯中茶看似簡單，卻是對炒茶師的經驗、體力的綜合考驗，要精通茶葉的炒制技術，短則三五年，長則一輩子，還要能吃苦，悟性高。目前，西湖龍井茶的全手工炒制技藝已被列入國家級非物質文化遺產，如果有機會去杭州的話，泛舟西湖，於湖光山色中品一杯手工炒制的西湖龍井，定會是一番難忘的體驗。

三、日本蒸青綠茶（煎茶）加工

煎，即熱蒸、揉炒之意，日本蒸青綠茶（煎茶）是經蒸青、葉打、粗揉、中揉、精揉和烘乾等工序加工而成的獨特茶類。其品質特點是成茶色澤鮮綠或深綠，條索緊直略扁，香清，味醇，具有日本人所喜好的海藻香型。

圖 4.17 日本蒸青綠茶

①蒸青。使用網筒式蒸青機，以100℃高溫無壓蒸汽對連續進入轉動網筒中的鮮葉進行殺青，持續約1分鐘。然後立即進入裝在蒸青機後面的蒸青葉冷卻機進行冷卻，冷卻機的主要工作部件是一條往復重疊運行的不銹鋼網帶，用鼓風機對運行於網帶上的蒸青葉吹冷風，達到冷卻目的。

②葉打。經過冷卻的蒸青葉便可進入葉打機進行葉打，即對蒸青葉進

行初步脫水和輕度搓揉。葉打機主要工作部件為上有網蓋的"U"形金屬炒葉腔，內壁鑲有毛竹片，並在主軸上裝有炒葉耙，蒸青葉從上部進入葉打機，配套熱風爐不斷送入熱風，隨著炒葉耙的回轉，加工葉在不斷翻動中逐漸失水並受到輕度搓揉。

③粗揉。粗揉的作用是在熱風作用下繼續去除水分，並進一步做形，為形成深綠油光、條索緊圓挺直的茶葉品質奠定基礎。粗揉機的結構與葉打機相似，但做形功能已初步增強。粗揉後的加工葉，要求含水量下降到63%～69%，外形葉尖完整、深綠有光，具有一定的黏性。

④中揉。中揉的作用是在熱風和機械力的作用下進一步去除水分，解散團塊，同時持續揉炒整形併發展香氣。一般情況下，中揉葉溫為37%～40%，時間20~25分鐘。中揉後的加工葉，要求含水量下降到32%～34%，嫩莖梗呈鮮綠色，葉色青黑有光澤，茶條緊結勻整，手握茶葉成團，鬆手即彈散。

⑤精揉和烘乾。加工葉經過粗揉和中揉，已初步乾燥成形，此時再進入精揉機進一步乾燥整形。精揉機是一種煎茶成型的專用設備，在爐灶提供熱量和炒葉機件綜合機械力的作用下，使茶條進一步圓整伸直、略扁，色澤純一，鮮綠或深綠帶油光，無團塊，

斷碎少，有尖鋒，含水率下降到13%左右。然後進入全自動烘乾機足火幹燥，當含水率降到7%以下，即完成蒸青綠茶加工。

圖 4.18 日本蒸青綠茶生產線

第五篇

 茶之賞——美水佳器展風姿

　　茶藝六要素包含人、茶、水、器、境、藝 唯有這六要素完美組合方能盡賞茶之神韻。
在品賞綠茶時，應注重人之美、茶之美、水之美、器之美、境之美和藝之美的相得益彰，
做到六美薈萃。

一、人之美——人為茶之魂

茶人是茶葉沖泡藝術的靈魂,是茶、水、器、境、藝幾要素的聯結者,除了要掌握相應的沖泡技藝外,還應注重儀容儀錶、髮型服飾、形態舉止、禮儀禮節、文化積累等方面的綜合修養。

（一）儀容儀表

表演茶藝時應注重自身的儀容儀表,保證面容整潔和口腔衛生,泡茶前應洗手,並保持指甲的乾淨、整齊。女茶藝師可以化淡妝,但切忌濃妝豔抹、擦有色指甲油或使用有香味的化妝品,整體上以給人清新、文雅、柔美的感覺為宜。

圖 5.1 儀容儀表

（二）髮型服飾

應根據茶藝表演內容選擇合適的髮型和服飾,基本應以中式風格為主,正式表演場合中不可佩戴手錶和過多的裝飾品。袖口不宜過寬,以免沖泡過程中會沾上茶水或碰到茶具。總體而言,沖泡綠茶時著裝不宜太鮮豔,鞋子一般以黑色布鞋或黑色皮鞋為宜,鞋跟以平跟和粗低跟為宜,鞋面要保持乾淨。

圖 5.2 髮型服飾飾

（三）形態舉止

對形態舉止的要求體現在泡茶過程中的行走、站立、坐姿、手勢等方面,要時刻保持端莊的姿態和恰當的言語交流。除此之外茶藝表演者的表情也會影響到品茶人的心理感受，因此在泡茶時應做到表情自然大方、眼神真摯誠懇、笑容親切和善。

（四）禮儀禮節

茶藝過程中應通過一定的禮節來體現賓主之間的互敬互重，常見的禮節有鞠躬禮（一般用於茶藝表演者迎賓、送客或開始表演時）、伸掌禮（一般用於介紹茶具、茶葉、賞茶和請客人傳遞茶杯等，行禮時五指自然併攏，手心向上，左手或右手自然前伸，同時講"請觀賞""謝謝""請"等）、注目禮和點頭禮（一般在向客人敬茶或奉上物品時聯合應用）、叩手禮（一般主人給客人奉茶時，客人應以手指輕叩桌面以示感謝）等。此外，還有一些約定俗成的規矩，如斟茶時只能斟到七分滿，謂之"從來茶倒七分滿，留下三分是人情"；當茶杯排為一個圓圈時，斟茶應按逆時針方向，因為逆時針巡壺的姿勢表示歡迎客人，而順時針方向有逐客之意；類似的，放置茶壺時壺嘴不能正對著客人，正對著客人有請客人離開之意。

伸掌禮

點頭禮

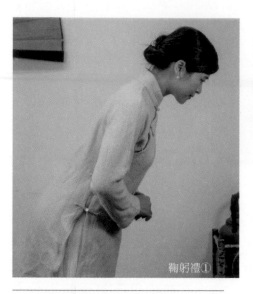

鞠躬禮①

鞠躬禮②

圖 5.3 禮儀禮節（伸掌禮、點頭禮、鞠躬禮）

（五）文藝修養

要想真正理解茶藝蘊含的深厚文化底蘊，離不開日常的學習與積累，除了需要一定的國學功底，還需具備相關的藝術修養。例如，茶席設計的主題往往會引用唐詩宋詞詩名詞牌，要解其中味須得腹有詩書；茶藝表演中常常要融合插花、焚香、書畫、琴藝等元素，要掌握其要領須得通文達藝。

二、水之美——水為茶之母

很多茶友有可能都會有這樣的體驗，在茶葉店品嘗到的茶口感甚佳，但買回家自己沖泡卻茶不對味，心裡不禁懷疑是不是遇到了無良商家將茶葉"偷樑換柱"。其實並不盡然，要泡出好茶，除了對茶葉的品質和泡茶者的技藝有要求外，泡茶之水同樣有著至關重要的影響。如果水質欠佳，就不能充分展現茶葉的色、香、味，甚至會造成茶湯渾濁、滋味苦澀，嚴重影響品茶體驗。

水與茶相輔相成，素有"水為茶之母"之說。"龍井茶，虎跑水"俗稱杭州"雙絕"，"揚子江中水，蒙頂山上茶"聞名遐邇。明代茶人張大複在《梅花草堂筆談》中將茶與水分析得尤為透徹："茶性必發于水，八分之茶，遇十分之水，茶亦十分矣；

八分之水，試十分之茶，茶只八分耳"。可見，佳茗須得好水配，方能相得益彰。

關於綠茶沖泡用水，下面主要從水質、水溫、茶水比三個方面進行闡述。

（一）宜茶之水

最早對泡茶之水提出標準的是宋徽宗趙佶，他在《大觀茶論》中寫道："水以清、輕、甘、冽為美。輕甘乃水之自然，獨為難得。"後人在此基礎上又增加了個"活"字，即"清、輕、甘、冽、活"五項指標俱全的水，才稱得上宜茶之水：

①水質清。無色無味、清澈無雜質的水方能顯出茶的本色。

②水體輕。所謂"輕"是指水的硬度低，其中溶解的礦物質少。硬水中含有較多的鈣、鎂離子和礦物質，不利於呈現茶湯的顏色和滋味，如果其中鹼性較強或含有較多鐵離子，還會導致茶湯發黑、滋味苦澀。因此泡茶用水應選擇軟水或暫時硬水。

③水味甘。甘味之水會在喉中留下甜爽的回味，用這樣的水泡茶能夠增益茶的美味。

④水溫冽。冽即冷寒，自古便有"泉不難於清，而難於寒""冽則茶味獨全"的說法，因為寒冽之水多出於地層深處的泉脈之中，所受污染少，泡出的茶湯滋味純正。

⑤水源活。泡茶用水中細菌、真菌指標必須符合飲用水的衛生標準，流動的活水有自然淨化作用，不易繁殖細菌，且活水中氧氣和二氧化碳等氣體含量較高，泡出的茶湯尤為鮮爽可口。家用飲水機內的桶裝水就是典型的死水，反復加熱燒開使得水中的溶解氧大大減少，而且放置時間過久容易造成二次污染。

在水的選擇方面，陸羽在《茶經》中提出了自己的見解："其水，用山水上，江水中，井水下。其山水，揀乳泉石池漫流者上，其瀑湧湍漱勿食之。"對於生活在現代的我們來說，在沖泡綠茶時主要有以下幾種水可供選擇，相應的對比如下表所示：

表 5.1　沖泡綠茶的水樣選擇

水樣	水質特性	應用注意事項
山泉水	山泉水大多出自重巒疊嶂的山間，終日處於流動狀態，有沙石起到自然過濾的作用，同時富含二氧化碳和各種對人體有益的微量元素，能使茶的色香味形得到最大限度發揮	①山泉水不宜放置過久，最好趁新鮮時泡茶飲用 ②所選山泉水應出自無污染的山區，否則其中溶解的有害物質反倒會適得其反 ③不是所有的山泉水都是宜茶之水，如硫黃礦泉水就不能用來沏茶
雪水、雨水	古人稱雪水和雨水為"天泉"，屬於軟水，以之泡茶備受推崇。唐代白居易、元代謝宗可、清代曹雪芹等都讚美過雪水沏茶之妙；雨水則要因時而異，秋雨因天氣秋高氣爽、空中灰塵少，是雨水中的上品。現如今空氣污染嚴重，雪水和雨水中往往含有大量的有毒有害物質，不僅不宜作養生之用，飲用還有致病的風險	除非出自完全未經污染、自然環境極佳之地，一般而言現在的雪水和雨水已不適宜用於沖泡茶
井水	井水是地下水，懸浮物含量少，透明度較高。然而易受周圍環境影響，是否宜於泡茶不可一概而論。總體上，深層地下水有耐水層的保護，污染少，水質潔淨；而淺層地下水易被地面污染，水質較差。所以深井水比淺井水好	選用前應考察周圍的環境，注意附近地區是否曾發生過污染事件。一般而言城市井水受污染多，多鹹味，不宜泡茶；而農村井水受污染少，水質好，適宜飲用
地面水	指江水、河水和湖水，屬地表水，含雜質較多，混濁度較高，會影響沏茶的效果。但在遠離人煙，抑或是植被繁茂之地，汙染物較少，此類地點的江、河、湖水仍不失為沏茶好水。	①選用前同樣要考慮污染問題 ②很多地表水經過淨化處理後也能成為優質的宜茶之水
純淨水、蒸餾水	人工製造出的純水，採用多層過濾和超濾、反滲透等技術，使之不含任何雜質，並使水的酸鹼度達到中性。水質雖然純正，但含氧量少，缺乏活性，泡出來的茶味道可能略失鮮活	純淨水和蒸餾水由於缺乏礦物質，不建議長期飲用
礦泉水	目前市面上的礦泉水種類較多，是否適合泡茶也不能一概而論。有些人工合成的礦物質水，即先經過淨化後再加入礦物質的合成水，以之泡茶效果並不好	選擇時應擦亮眼睛，關注礦泉水的成分和酸鹼度，呈弱鹼性的天然礦泉水才是泡茶的最佳選擇
自來水	是日常生活中最易獲得的一類水，但由於自來水中含氯，在水管中滯留較久的還含有較多的鐵質，直接取用泡茶將破壞茶湯的顏色和滋味	採用淨水器等處理過的自來水同樣可成為較好的沏茶用水

（二）沖泡水溫

控制水溫是沖泡綠茶的關鍵，要根據所泡茶葉的具體情況和環境溫度進行調整，做到"看茶泡茶""看時泡茶"。一般而言，粗老、緊實、整葉的茶所需水溫要比細嫩、鬆散切碎的茶水溫高。水溫過高會使綠茶細嫩的芽葉被泡熟，無法展現優美的芽葉姿態，還會使茶湯泛黃、葉底變暗；水溫過低則會使茶的滲透性降低，茶葉浮在湯麵，有效成分難以析出，香氣揮發不完全。冬季氣溫較低，水溫下降快，沖泡時水溫應稍高一些。總體而言，高級細嫩的名茶一般用80℃～85℃水溫進行沖泡，大宗綠茶則用85℃～90℃的水溫進行沖泡；冬季水溫比夏季水溫提高5℃左右。

圖 5.4 沖泡綠茶水溫控制

（三）茶水比例

茶水比不同，茶湯香氣的高低和滋味濃淡各異。據研究，茶水比為1：7、1：18、1：35 和 1：70時，水浸出物分別為幹茶的23%、28%、31% 和 34%，說明在水溫和沖泡時間一定的前提下，茶水比越小，水浸出物的絕對量就越大。在沖泡綠茶時，茶水比過小，過多的水會稀釋茶湯，使得茶味淡，香氣薄；相反，茶水比過大，由於用水量少，茶湯濃度過高，滋味苦澀，同時也不能充分利用茶葉的有效成分。因此根據不同茶葉、不同泡法和不同的飲茶習慣，茶水比也要做相應的調整。

綠茶沖泡的大致茶水比應掌握在1：50～1：60 為宜。具體來說，一般在玻璃杯或瓷杯中置入約3克茶葉，注沸水 150~200 毫升即可。若經常飲茶或喜愛飲較濃的茶，茶水比可大些；相反，初次飲茶或喜淡茶者，茶水比要少些。

三、器之美 — 器為茶之父

茶具，古時稱茶器，泛指制茶、飲茶時使用的各種工具，現在專指與泡茶有關的器具。我國地域遼闊，民族眾多，茶葉種類和飲茶習慣各具特色，所用器具更是琳琅滿目，除具飲茶的實用價值外，更是中華民族藝術和文化的瑰寶。

（一）茶具選擇

根據所用材料不同，茶具一般分為陶土茶具、瓷器茶具、玻璃茶具、金屬茶具、竹木茶具、漆器茶具及其他材質茶具。其中，瓷器茶具和玻璃茶具是目前廣為使用的綠茶沖泡器具。

1 · 瓷器茶具

瓷器是從陶器發展演變而成的，具有胎質細密、經久耐用、便於清洗、外觀華美等特點，因裡外上釉所以不吸附茶汁，是很好的茶具材質。常見瓷器品種有青瓷茶具、白瓷茶具、黑瓷茶具和彩瓷茶具，根據器形的不同還可分為瓷壺和瓷質蓋碗，這兩種器型都可以用來沖泡綠茶，可以根據茶葉的特質來選茶具。

圖 5.5 沖泡綠茶的瓷器茶具

2 · 玻璃茶具

隨著玻璃生產的工業化和規模化，玻璃在當今社會已廣泛應用在日常生活、生產等眾多領域。玻璃具備質地透明、傳熱快、散熱快、對酸城等化學品的耐腐蝕力強、外形可塑性大等特點，採用玻璃杯沖泡綠茶，色澤鮮豔的茶湯、細嫩柔軟的茶葉、沖泡過程葉片的舒展和浮動等，均可一覽無餘，是賞評綠茶的絕佳選擇。此外，玻璃器具不吸附茶的味道，容易清洗且物美價廉，深受廣大消費者的喜愛。

圖 5.6 沖泡綠茶的玻璃茶具

（二）主泡器具

主泡器具（主茶具）是指泡茶時使用的主要衝泡用具。包括泡茶壺、蓋碗、玻璃杯、公道杯。

①茶壺 泡茶壺是泡茶的主要用具，由壺蓋、壺身、壺底和圈足四部分組成。根據容量大小，有 200 ml、350 ml、 400 ml、800 ml 等規格。一般情況下用來沖泡綠茶，兩三人品茶用 200 ml 壺，四五人品茶用 400 ml 壺。

①茶壺
②蓋碗
③玻璃杯
④公道杯
⑤品茗杯
圖 5.7 沖泡綠茶的主泡器具

②蓋碗

　　蓋碗既可作泡茶器具，也可以作飲茶碗。蓋碗由杯蓋、茶碗、杯托三部分組成，又稱"三才杯"。蓋子代表天，杯托代表地，茶碗代表人，比喻茶為天涵之，地載之，人育之的靈物。

　　③玻璃杯俗稱"茶杯"，為品茶時盛放茶湯的器具。按形狀可分為敞口杯、直口杯、翻口杯、雙層杯、帶把杯等，沖泡綠茶較常使用敞口杯，容量大小有 150 ml、200 ml 等。

　　④公道杯 公道杯又稱公平杯、茶盅等，是分茶的器具。如果用茶壺直接分茶，第一個人和最後一個人的茶湯濃度肯定不一樣，將茶湯注入公道杯能夠均勻茶湯，使分給每一個人的茶湯濃度均勻一致。

　　⑤品茗杯 用於品茶及觀賞茶湯的專用茶杯，杯體為圓筒狀或直徑有變化的流線形狀，其大小、質地、造型等種類眾多、品相各異，可根據整體搭配或個人喜好進行選用。

（三）輔助茶具

　　輔助茶具是指用於煮水、備茶、泡飲等環節中起輔助作用的茶具，經常用到的輔助茶具有煮水壺、茶道組、茶葉罐、茶荷、水盂、杯托、茶巾、奉茶盤、計時器等。

①煮水壺
②茶道組
③茶夾
④茶則
⑤茶匙
⑥茶葉罐
⑦茶荷
⑧水盂
⑨杯托
⑩茶巾
圖 5.8 沖泡綠茶的輔助茶具
　　奉茶盤
⑪

①煮水壺

　　出於安全、環保及便捷等考慮，目前使用的大多是電熱煮水壺，也稱隨手泡，常見材質有金屬、紫砂、陶瓷等。

　　②茶道組 茶道組又稱箸匙筒，是用來盛放沖泡所需用具的容器，多為筒狀，以竹質、

木質為主。箸匙筒內包含的器具有茶夾、茶則、茶匙、茶針和茶漏。

　　③茶夾 燙洗杯具時用來夾住杯子，分茶時用來夾取品茗杯或聞香杯。用其既衛生又防止燙手。

　　④茶則 泡茶時用來量取幹茶的工具，它可以很好地控制所取的茶量。一般由陶、瓷、竹、木、金屬等製成。

　　⑤茶匙 泡茶時用來從茶葉罐中取乾茶的工具，也可以用來撥茶用。

　　⑥茶葉罐 茶葉罐是用來儲存茶葉的容器，常見材質有金屬、紫砂、陶瓷、韌質紙、竹木等。茶葉易吸潮、吸異味，茶葉罐的選擇直接影響茶葉的存放品質，要做到無 雜味、密閉且不透光。

⑦茶荷

茶荷是泡茶時盛放幹茶、鑒賞茶葉的茶具。茶荷的引口處多為半球形，便於投茶。投茶後可向人們展示幹茶的形狀、色澤，聞嗅茶香。茶荷材質有陶、瓷、錫、銀、竹、木等，市面上最常見的是陶、瓷或竹質茶荷。沖泡綠茶宜選擇細膩的白瓷荷葉造型，比較符合綠茶之雅趣。

⑧水盂 用來盛放茶渣、廢水以及果皮等雜物的器具，多由陶、瓷、木等材料製成。

大小不一，造型各異，有敞口形、收口形、平口形等。

⑨杯托 茶杯的墊底器具，多由竹木、玻璃、金屬、陶瓷等製成，一般選擇與茶杯相

配的材質為宜。

⑩茶巾 茶巾也稱茶布，可用於擦拭泡茶過程中滴落桌面或壺底的茶水，也可以用來承托壺底，以防壺熱燙手。

茶巾材質主要有棉、麻、絲等，其中棉織物吸水性好，容易清洗，是最實用的選擇。

⑪奉茶盤 用於奉茶時放置茶杯，以木質、竹質居多，也有塑膠製品。

⑫其他輔助茶具 其他輔助茶具有茶漏、濾器以及用於掌握沖泡時間的計時器、鐘、錶等。

四、境之美——境為茶之韻

（一）茶藝造境

茶藝特別強調造境，不同的環境佈置會產生不同的意境和效果。一般而言，沖泡綠茶時應選擇場地清幽、裝飾簡雅、茶具精緻的茶室、書齋等，可輔以綠色植物作為搭配，也可選取竹林、松林、草地、溪流等自然元素為背景，營造"天人合一"的禪道氣氛。

所謂"茶通六藝"，在品茶時以琴、棋、書、畫、詩、曲和金石古玩等助茶

極為適宜,其中尤重於音樂和字畫。品飲綠茶時最宜選播三類音樂:其一是中國古典名曲,如《高山流水》《漢宮秋月》《鳳求凰》等;其二是近代作曲家專門為品茶而譜寫的音樂,如《閒情聽茶》《香飄水雲間》《清香滿山月》等;其三是精心錄製的大自然之聲,如小溪流水、泉瀑松濤、雨打芭蕉、風吹竹林、百鳥喝啾等。

(二)茶席設計

作為境之美的綜合體現,茶席設計融合了茶品選擇、茶具組合、席面佈置、配飾擺放、空間設計、茶點搭配等內容,既是茶事進行的空間,也是泡茶之人對茶事認識的體現,更是藝術與生活的完美融合。

席面佈置時,桌布可選用布、綢、絲、緞、葛、竹草編織墊和布藝墊等,也可選用荷葉、沙石、落英等自然材料。具體的桌布、茶具和配飾選擇應根據茶席的主題來確定,一般綠茶茶席應以顏色清新淡雅為宜,搭配玻璃或青瓷茶具。

素業茶院設計作品

素業茶院設計作品

素業茶院設計作品

浙大茶學系設計作品

圖 5.9 綠茶茶席設計作品欣賞

茶點的普遍選用原則是"甜配綠、酸配紅、瓜子配烏龍",綠茶滋味淡雅輕靈,搭配口味香甜的茶點能帶來美妙的味覺享受。此外,清淡的綠茶能生津止渴,促進葡萄糖的代謝,防止過多糖分留在體內,不必擔心食茶點會口感生膩或增加體內脂肪。水果、乾果、糖食、糕餅等都是不錯的茶點選擇。

圖 5.10 適宜搭配綠茶的茶點

五、藝之美——藝為茶之靈

藝之美主要包括茶藝程式編排的內涵美和茶藝表演的動作美、神韻美、服裝道具美等。綠茶茶藝的沖泡技藝是茶藝學習的基礎,很多基本手法、規則和程式都在綠茶茶藝中有所體現,可謂是茶藝的基本功。

（一）綠茶玻璃杯沖泡技法

1・備具

將透明玻璃杯、茶道組、茶荷、茶巾、水盂等放置於茶盤中。

圖 5.11 備具

2・備水

急火煮水至沸騰，沖入熱水瓶中備用。泡茶前先用少許開水溫壺（溫熱後的水壺貯水可避免水溫下降過快，在室溫較低時尤為重要），再倒入煮開的水備用。

圖 5.12 備水

3・布具

雙手（女性在泡茶過程中強調用雙手做動作，一則顯得穩重，二則表示敬意；男士泡茶為顯大方，可用單手）將器具一一佈置好。

圖 5.13 布具

4・賞茶

請來賓欣賞茶荷中的乾茶。

圖 5.14 賞茶

5・潤杯

將開水依次注入玻璃杯中，約占茶杯容量的 1/3，緩緩旋轉茶杯使杯壁充分接觸開水，隨後將開水倒入水盂，杯入杯托。用開水燙洗玻璃杯一方面可以消除茶杯上殘留的消毒櫃氣味，另一方面乾燥的玻璃杯經潤洗後可防止水汽在杯壁凝霧，以保持玻璃杯的晶瑩剔透，以使觀賞。

圖 5.15 潤杯

6 · 置茶

用茶匙輕柔地把茶葉投入玻璃杯中。

圖 5.16 置茶

7 · 浸潤泡

以回轉手法向玻璃杯中注入少量開水（水量以浸沒茶樣為度），促進可溶物質析出。浸潤泡時間 20~60 秒，可視茶葉的緊結程度而定。

圖 5.17 浸潤泡

8 · 搖香

左手托住茶杯杯底，右手輕握杯身基部，逆時針旋轉茶杯。此時杯中茶葉吸水，開始散發香氣，搖畢可依次將茶杯奉給來賓，品評茶之初香，隨後再將茶杯依次收回。

圖 5.18 搖香

9 · 沖泡

沖水時手持水壺有節奏的三起三

落而水流不間斷，稱為"鳳凰三點頭"，以示對嘉賓的敬意。沖水量控制在杯子總容量的七分滿，一則避免奉茶時如履薄冰的窘態，二則向來有"淺茶滿酒"之說，表七分茶三分情之意。

圖 5.19 沖泡

10．奉茶

向賓客奉茶，行伸掌禮。

圖 5.20 奉茶

11．品飲

先觀賞玻璃杯中的綠茶湯色，接著細細嗅聞茶湯的香氣，隨後小口細品綠茶的滋味。

圖 5.21 品飲

12．收具

按照先布之具後收的原則將茶具一一收置於茶盤中。

圖 5.22 收具

圖 5.24 備水

（二）綠茶蓋碗沖泡技法

3．布具

依次將器具佈置好。

1．備具

將蓋碗、茶道組、茶荷、茶巾、水盂等放置於茶盤中。

圖 5.23 備具

圖 5.25 布具

4．賞茶

請來賓欣賞茶荷中的乾茶。

圖 5.26 賞茶

2．備水

將開水壺中溫壺的水倒入水盂，沖入剛煮沸的開水。

5．潤具

將開水注入蓋碗內，旋轉一圈後倒入水盂。

圖 5.27 潤具

6·置茶

用茶匙輕柔地把茶葉投入蓋碗中。

圖 5.28 置茶

7·浸潤泡

以回轉手法向蓋碗中注入少量開水，水量以浸沒茶樣為度。

圖 5.29 浸潤泡

8·搖香

左手托住蓋碗碗底，右手輕握蓋碗基部，逆時針旋轉蓋碗。

圖 5.30 搖香

9·沖泡

用"鳳凰三點頭"的手法向蓋碗內注水至碗沿下方，左手持蓋並蓋於碗上。

圖 5.31 沖泡

10．奉茶

向賓客奉茶，行伸掌禮。

圖 5.32 奉茶

11．品飲

將蓋碗連托端起，提起碗蓋置於鼻前，輕嗅蓋上留存的茶香；然後撇去茶湯表面浮葉，同時觀賞湯色；最後細品綠茶的口感。

圖 5.33 品飲

12．收具

按照先布之具後收的原則將茶具一一收置於茶盤中。

圖 5.34 收具

（三）綠茶瓷壺沖泡技法

1 · 備具

將瓷壺、熟盂、品茗杯、隨手泡、茶道組、茶荷、茶巾、水盂等放置於茶盤中。

圖 5.35 備具

2 · 備水

將開水壺中溫壺的水倒入水盂，沖入剛煮沸的開水。

圖 5.36 備水

3 · 布具

依次將器具佈置好。

圖 5.37 布具

4 · 賞茶

請來賓欣賞茶荷中的乾茶。

圖 5.38 賞茶

5 · 潤具

先將開水沖入熟盂中，回轉一圈後將水注入茶壺，蓋上壺蓋。旋轉茶壺使周身受熱均勻，隨後將水注入水盂。

圖 5.39 潤具

6・晾水

將開水沖入熟盂中，使水降溫。

圖 5.40 晾水

7・置茶

用茶匙輕柔地把茶葉投入白瓷瓷
壺中。

圖 5.41 置茶

8・浸潤泡

以回轉手法向瓷壺中注入少量熱
水，水量以浸沒茶樣為度。

圖 5.42 浸潤泡

9·搖香

左手托住壺底，右手握住壺把，逆時針旋轉一圈。

圖 5.43 搖香

10·沖泡

用回轉手法將熟盂內的水注入壺中，隨後蓋上壺蓋。

圖 5.44 沖泡

11·溫杯

在沖泡等待間隙，向茶杯中注入半杯左右的熱水進行溫杯，轉動品茗杯使其均勻受熱，隨後將水倒入水盂。

圖 5.45 溫杯

12·試茶

先將壺中的茶湯倒出一杯，判斷其沖泡程度，認為程度適宜後將茶湯倒回壺中，準備出湯。

圖 5.46 試茶

13・分茶

將壺中茶湯注入品茗杯中。

圖 5.47 分茶

14・奉茶

向賓客奉茶，行伸掌禮。

圖 5.48 奉茶

15・品飲

觀其色、嗅其香、品其味。

圖 5.49 品飲

16・收具

按照先布之具後收的原則將茶具一一收置於茶盤中。

圖 5.50 收具

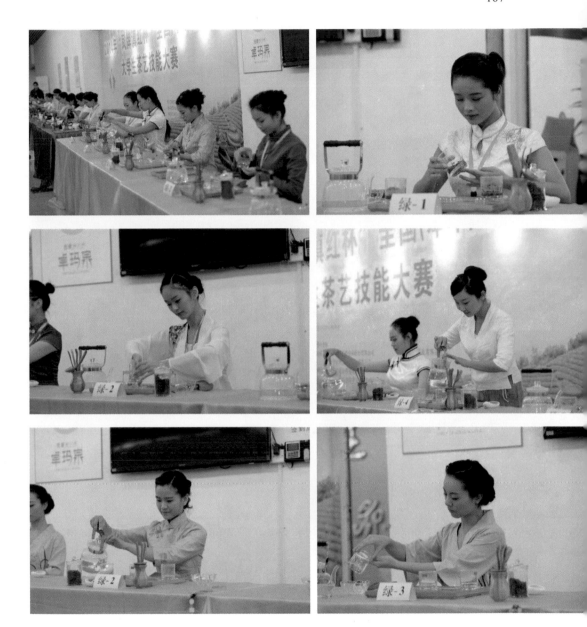

圖 5.51 第二屆中國大學生茶藝技能大賽中的綠茶指定茶藝競技

圖 5.52 第二屆全國大學生茶藝技能大賽中的創新茶藝競技

第六篇

綠 茶之鑒——慧眼識真辨茗茶

　　綠茶的感官審評，是通過特定的審評方法，對綠茶的各項因數進行評定，以分出綠茶品級的高低優劣，對綠茶的加工具有指導意義，對消費者選購和貯藏茶葉也有突出的參考價值。

一、綠茶審評操作

（一）審評器具

綠茶審評是一項科學、嚴謹的工作，最好在專業的審評室內進行，使用的審評器具也應符合專業的規格和要求。一般專業審評室應配備的審評用具如下：

表 6.1　茶葉審評用具

審評用具	用途	規格	圖片
乾評台	用於評定茶葉外形，一般設置於靠窗位置，上置樣茶罐和樣茶盤	檯面為黑色 高 900mm，寬 600 ～ 700mm，長度視審評室大小及日常工作量而定	 圖 6.1 乾評台
濕評台	用於開湯審評茶葉內質，置於乾評台後，間距 1.0 ～ 1.2m，前後平行	一般為白色 高 800 mm，寬 450 ～ 600 mm，長度視審評室大小及日常工作量而定	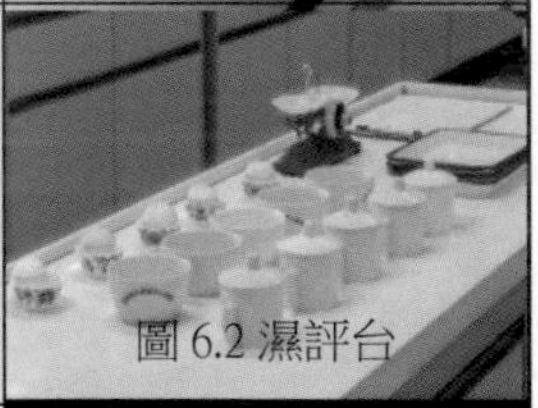 圖 6.2 濕評台
審評盤	用於放置待審評的茶葉	一般為木質，白色 有正方形、長方形兩種規格，正方形：230×230×30mm；長方形：250×160×30mm	 圖 6.3 審評盤
審評杯	用來泡茶和審評茶葉香氣	瓷質純白，厚薄、大小、顏色、深淺力求均勻一致 國際標準審評杯高 65mm，內徑 62mm，外徑 66mm，杯柄有鋸齒型缺口，杯蓋內徑為 61mm，外徑 72mm，蓋上有一小孔，容量為 150ml	 圖 6.4 審評杯

審評用具	用途	規格	圖片
審評碗	用來盛放茶湯、審評湯色	特製的廣口白色瓷碗 國際標準審評碗外徑 95mm，內徑 86mm，高 52mm，毛茶用的審評碗容量為 250ml，精茶為 150ml。	 圖 6.5 審評碗
湯杯和湯匙	用於取茶湯、審評滋味，使用前需開水溫燙	湯杯為白瓷小碗，湯匙為白瓷匙	 圖 6.6 湯杯、湯匙
葉底盤	用於審評葉底	精茶採用黑色小木盤，規格為 100mm×100mm×20mm；毛茶和名茶採用白色搪瓷漂盤	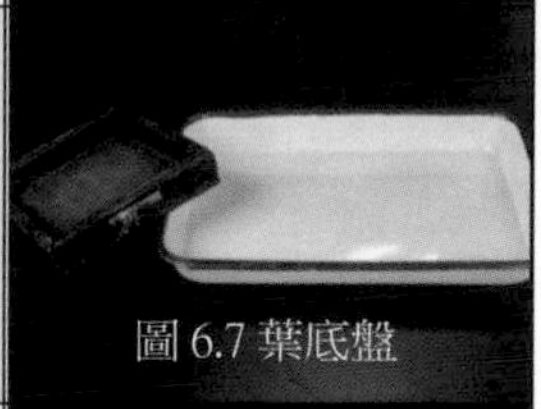 圖 6.7 葉底盤
樣茶秤或小天平	用於稱取茶葉	需精確到 0.1 克	圖 6.8 天平 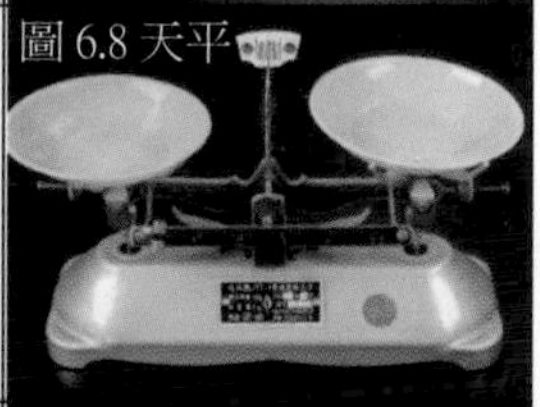
計時器	用於審評計時	常用計時器、定時鐘等，也可用手機、鐘錶等代替	 圖 6.9 計時器
燒水壺	用於燒制開水	普遍使用電熱壺，也可用一般燒水壺配置電爐或液化氣燃具	 圖 6.10 燒水壺

如果想自己在家按照茶葉審評方法進行實用性茶葉審評，除專用規格的審評

杯和樣茶秤必不可少之外，其他可用家常器具代替。

圖6.11 茶葉審評室

（二）審評操作

　　綠茶感官審評項目包括乾評和濕評，乾看外形（形狀、色澤、整碎、淨度），濕評內質（湯色、滋味、香氣、葉底）。先進行乾茶審評，之後開湯按3克茶、150毫升沸水沖泡5分鐘的方式進行操作，茶與水的比例為1：50。開湯審評通常是先快看湯色，後聞香氣，再嘗滋味，最後評葉底。

　　綠茶審評的操作流程如下：把盤→看外形→取樣→稱樣→沖泡→瀝茶湯→觀湯色→聞香氣→嘗滋味→評葉底。

　　①把盤。雙手握住樣茶盤，稍稍傾斜，通過回轉運動，把上、中、下段茶分開，有利於外形的審評。

圖6.12 把盤

　　②看外形。主要從嫩度、形狀、色澤、整碎、淨度等幾個方面去辨別。

圖6.13 乾茶外形

　　③取樣。用拇指、食指和中指從審評盤中抓取樣茶。

圖6.14 取樣

④稱樣。用樣茶秤稱取 3 克茶葉。

圖 6.15 稱樣

⑤置茶。將準確稱取的茶樣放入已準備好的審評杯中。

圖 6.16 置茶

⑥沖泡。沖入沸水至杯沿缺口處，加蓋並開始計時 4 分鐘（大宗綠茶沖泡時間為 5 分鐘）。

圖 6.17 沖泡

⑦瀝茶湯。計時結束後，將審評杯杯沿缺口向下，平放在審評碗口上，瀝盡審評杯中的所有茶湯。

圖 6.18 瀝茶湯

⑧觀湯色。主要看茶湯的色澤種類、深淺、明亮度和清濁度並用術語進行描述。

圖 6.19 觀湯色

⑨聞香氣。將已瀝出茶湯的審評杯移至鼻前，半啟杯蓋，深吸氣 1～2 次，每次 2～3 秒，嗅香氣純度、高度、持久度等。

圖 6.20 聞香氣

⑩嘗滋味。當茶湯溫度降至 50℃ 左右 將大半匙(5 ~ 8ml)茶湯放入口中，讓茶湯在舌中跳動，使舌面充分接觸茶湯，嘗其濃淡、強弱、純異等。

圖 6.21 嘗滋味

⑪評葉底。將葉底倒于葉底盤上，評其嫩度、色澤、整碎、大小、淨度等，可用目視、手指按壓、牙齒咀嚼等方式。

圖 6.22 評葉底

（三）審評因數

表 6.2 綠茶審評項目與因數分析

審評項目	審評因數	考量因素
看外形	嫩度	一般芽比例高的綠茶嫩度較好
	形狀	有長條形，圓、扁、針形等等
	色澤	主要從顏色的種類、均勻和光澤度去判斷，好茶均要求色澤一致，光澤明亮，油潤鮮活
	整碎	整碎就是茶葉的外形和斷碎程度，以勻整為好，斷碎為次
	淨度	主要看茶葉中是否混有茶片、茶梗、茶末、茶籽和製作過程中混入的竹屑、木片、石灰、泥沙等夾雜物的多少
觀湯色	色度	觀察色度類型及深淺，主要從正常色、劣變色和陳變色三方面去看
	亮度	指茶湯的明暗程度，一般亮度好的品質佳。綠茶看碗底，反光強即為明亮
	清濁度	以清澈透明、無沉澱物為佳。注意應將綠茶的茸毛與其他引起渾濁的物質分開

審評項目	審評因數	考量因素
聞香氣	香型	有清香、甜香、嫩香、板栗香、炒米香等
	純異	常見的異味有煙焦味、黴陳味、水悶味、青草氣等
	高低	可從"濃、鮮、清、純、平、粗"六個字進行區分
	長短	即香氣的持久性，以高而長為佳，高而短次之，低而粗又次之
嘗滋味	純異	審評滋味時應先辨其純異，純正的滋味才能區分其濃淡、醇弱、薄。不純的滋味主要指滋味不正或變質有異味
	濃淡	濃指浸出的內含物豐富，茶湯中可溶性成分多；淡則指內含物浸出少，淡薄缺味
	強弱	描述茶湯的刺激性，強指刺激性強或富有收斂性，吐出茶湯後短時間內味感增強，弱則相反
	醇和	醇表示茶味尚濃，但刺激性欠強，和表示茶味平淡
	爽澀	用於描述滋味的鮮爽度
評葉底	嫩度	通過色澤、軟硬、芽的多少及葉脈情況進行判斷
	勻度	主要從厚薄、老嫩、大小、整碎、色澤是否一致來判斷
	色澤	主要看色度和亮度，其含義與乾茶色澤相同

（四）審評術語

　　茶葉審評術語是指在茶葉品質審評中描述某項審評因數的優缺點或特點所用的專業性詞彙。綠茶因花色、規格繁多，相應的評茶術語也是多種多樣，我們一般從外形、湯色、香氣、滋味、葉底五個方面對其進行描述。值得注意的是，部分審評術語能用於多個審評因數的描述，且部分審評術語可以組合使用，描述過程中還可在主體詞前加上"較、稍、欠、尚、帶、有、顯"等詞以說明差異程度，這些都擴大了評茶術語的應用範圍。

　　1·外形評語

表 6.3　綠茶常用外形評語

評語	描述	適用範圍
嫩勻	細嫩，形態大小一致	多用於高檔綠茶，也用於葉底

評語	描述	適用範圍
細嫩	芽葉細小，顯毫柔嫩	多用於春茶期的小葉種高檔茶，也用於葉底
細緊	條索細，緊結完整。	多用於高檔條形綠茶
細長	緊細苗長	多用於高檔條形綠茶
緊結	茶葉卷緊結實，其嫩度稍低於細緊	多用於高、中檔條形茶
扁平光滑	茶葉外形扁直平伏，光潔光滑	多用於優質龍井
扁片	粗老的扁形片茶	多用於扁茶
糙米色	嫩綠微黃	多用於描述早春獅峰特級西湖龍井的外形
捲曲	茶條呈螺旋狀彎曲卷緊	多用於捲曲形綠茶
嫩綠	淺綠新鮮，似初生柳葉般富有生機	也用於湯色、葉底
枯黃	色黃無光澤	多用於粗老綠茶
枯灰	色澤灰，無光澤	多用於粗老茶
肥嫩	芽葉肥、鋒苗顯露，葉肉豐滿不粗老	多用於高檔綠茶，也用於葉底
肥壯	芽葉肥大，葉肉厚實，形態豐滿	多用於大葉種製成的條形茶，也用於葉底
銀灰	茶葉呈淺灰白色，略帶光澤	多用於外形完整的多茸毫、毫中隱綠的高檔烘青型或半烘半炒型名優綠茶
墨綠	色澤呈深綠色，有光澤	多用於春茶的中檔綠茶
綠潤	色綠鮮活，富有光澤	多用於上檔綠茶
短碎	茶條碎斷，無鋒苗	多因條形茶揉撚或軋切過重引起
粗老	茶葉葉質硬，葉脈隆起，已失去萌發時的嫩度	多用於各類粗老茶，也用於葉底
匀淨	大小一致，不含茶梗及夾雜物	多用於采、制良好的茶葉，也用於葉底
花雜	色澤雜亂，淨度較差	也用於葉底

2.湯色評語

表 6.4　綠茶常用湯色評語

評語	描述	適用範圍／通用性／形成原因
明亮	茶湯清澈透明	也用於葉底
清澈	潔淨透明	多用於高檔烘青茶
黃亮	顏色黃而明亮	多用於高、中檔綠茶，也用於葉底
嫩綠	淺綠微黃透明	名優綠茶以嫩綠為好，黃綠次之，黃暗為下
黃綠	色澤綠中帶黃，有新鮮感，綠多黃少	多用於中、高檔綠茶，也用於葉底
綠黃	綠中多黃	也用於葉底
黃暗	湯色黃顯暗	多用於下檔綠茶，也用於葉底
嫩黃	淺黃色	多用於乾燥工序火溫較高或不太新鮮的高檔綠茶，也用於葉底
泛紅	發紅而缺乏光澤	多用於殺青溫度過低或鮮葉堆積過久、茶多酚產生酶促氧化的綠茶，也用於葉底
渾濁	茶湯中有較多懸浮物，透明度差	多見於揉撚過度或酸、餿等不潔淨的劣質茶

3.香氣評語

表 6.5　綠茶常用香氣評語

評語	描述	適用範圍
嫩香	柔和、新鮮、優雅的毫茶香	多用於原料幼嫩、採摘精製的高檔綠茶
清香	多毫的烘青型嫩茶特有的香氣	多用於高檔綠茶
板栗香	又稱嫩栗香，似板栗的甜香	多用於火工恰到好處的高檔綠茶及個別品種茶
高銳	香氣高銳而濃郁	多用於高檔茶
高長	香高持久	多用於高檔茶
清高	清純而悅鼻	多用於殺青後快速乾燥的高檔烘青和半烘半炒型綠茶
海藻香	具有海藻、苔菜類的味道	多用於日本產的高檔蒸青綠茶，也用於滋味
濃郁	香氣高銳，濃烈持久	多用於高檔茶
香高	茶香濃郁	多用於高檔茶
鈍熟	香氣、滋味熟悶，缺乏爽口感	多用於茶葉嫩度較好，但已失風受潮或存放時間過長、制茶技術不當的綠茶，也用於滋味

續表

評語	描述	適用範圍
高火香	似炒黃豆的香氣	多用於乾燥過程中溫度偏高製成的茶葉
焦糖氣	足火茶特有的糖香	多因乾燥溫度過高，茶葉內所含成分開始輕度焦化所致
純正	香氣正常、純正	多用於中檔茶（茶香既無突出優點，也無明顯缺點）
純和	香氣純而正常，但不高	多用於中檔茶
平和	香味不濃，但無粗老氣味	多用於低檔茶，也用於滋味
粗老氣	茶葉因粗老而表現的內質特徵	多用於各類低檔茶，也用於滋味
水悶氣	沉悶漚熟的令人不快的氣味	常見於雨水葉或揉撚葉悶堆不及時乾燥等原因造成，也用於滋味
青氣	成品茶帶有青草或鮮葉的氣息	多用於夏秋季殺青不透的下檔綠茶
陳氣味	香氣或滋味不新鮮	多見於存放時間過長或失風受潮的茶葉，也用於滋味
異氣	油煙、焦、餿、黴等異味	多見於因存放不當而沾染其他氣味的茶葉

4．滋味評語

表 6.6　綠茶常用滋味評語

評語	描述	適用範圍
鮮爽	鮮美爽口，有活力	多用於高檔茶
鮮醇	鮮爽甘醇	多用於高檔茶
鮮濃	茶味新鮮濃爽	多用於高檔茶
嫩爽	味濃，嫩鮮爽口	多用於高檔茶
濃厚	茶味濃度和強度的合稱	多用於高檔茶
清爽	茶味濃淡適宜，柔和爽口	多用於高檔茶
清淡	茶味清爽柔和	用於嫩度良好的烘青型綠茶
柔和	滋味溫和	用於高檔綠茶
醇厚	茶味厚實純正	用於中、上檔茶
收斂性	茶湯入口後口腔有收緊感	高中低檔茶均適用
平淡	味淡平和，濃強度低	多用於中、低檔茶
苦澀	茶湯既苦又澀	多見於夏秋季製作的大葉種綠茶
青澀	味生青，澀而不醇	常用於殺青不透的夏秋季綠茶
火味	似炒熟的黃豆味	多見於乾燥工序中鍋溫或烘溫太高的茶葉

5．葉底評語

表 6.7　綠茶常用葉底評語

評語	描述	適用範圍
鮮亮	色澤新鮮明亮	多用於新鮮、嫩度良好而乾燥的高檔綠茶
綠明	綠潤明亮	多用於高檔綠茶
嫩勻	芽葉勻齊一致，細嫩柔軟	多用於高檔綠茶
柔嫩	嫩而柔軟	多用於高檔綠茶
柔軟	嫩度稍差，質軟，手按後服貼在盤底	多用於中、高檔綠茶
芽葉成朵	莖葉細嫩而完整相連	多用於高檔綠茶
葉張粗大	大而偏老的單片及對夾葉	多用於粗老的葉底
紅梗紅葉	綠茶葉底的莖梗和葉片局部帶暗紅色	多見於殺青溫度過低、未及時抑制酶活性，致使部分茶多酚氧化水不溶性的有色物質，沉積於葉片組織。
青張	葉底中夾雜色深較老的青片	多用於制茶粗放、殺青欠勻欠透，老嫩葉混雜、揉撚不足的綠茶
黃熟	色澤黃而亮度不足	多用於茶葉含水率偏高、存放時間長或制作中悶蒸和乾燥時間過長以及脫鎂葉綠素較多的高等綠茶

二、綠茶品質特徵

　　綠茶茶品種類非常多，下面選取幾種名優綠茶，對其品質特徵進行介紹。需要注意的是，即使是同一種茶葉，不同年份、產地、等級等都會有不同的品質特征，下列審評結果僅供參考。

表 6.8　部分名優綠茶審評單

樣品	外形	湯色	香氣	滋味	葉底
西湖龍井（浙江杭州）	扁平挺直，光削，勻整，嫩綠油潤	嫩綠明亮	嫩香顯，馥鬱	醇厚，甘爽	嫩厚成朵，勻齊，嫩綠明亮
洞庭碧螺春（江蘇吳縣）	細緊纖秀，捲曲多毫，嫩綠油潤	嫩綠明亮	嫩香清鮮	醇厚，甘爽	幼嫩成朵，勻齊，嫩綠鮮亮
蒙頂甘露（四川名山縣）	細緊捲曲，多毫，嫩綠，油潤	嫩綠明亮	嫩香顯，鮮爽	濃厚，鮮爽	幼嫩成朵，勻齊，嫩綠明亮
徑山茶（浙江余杭）	細緊捲曲，白毫顯露，嫩綠帶翠，油潤	嫩綠明亮	清鮮，有花香	鮮醇	細嫩成朵，嫩綠鮮亮
南京雨花茶（江蘇南京）	細緊挺直，似松針，有毫，勻整，深綠油潤	嫩黃明亮	清高	濃醇，鮮爽	幼嫩多芽，勻齊，嫩綠明亮
信陽毛尖（河南信陽）	細，緊，直，顯毫，嫩綠油潤	嫩黃明亮	清高	濃醇	幼嫩成朵，嫩綠明亮
湧溪火青（安徽涇縣）	盤花成顆粒狀，腰圓形，緊結有毫，墨綠油潤	嫩綠明亮	清高，甘爽	濃醇，鮮爽	嫩厚成朵，勻齊，嫩綠明亮
安吉白茶（浙江安吉）	鳳尾形，勻整，鮮綠油潤	嫩綠明亮	清高，鮮爽	濃醇，鮮爽	嫩厚成朵，勻齊，嫩白鮮亮
黃山毛峰（安徽黃山）	蘭花形，勻整，嫩綠鮮潤	淺嫩綠明亮	嫩爽	甘和	嫩厚成朵，勻齊，嫩綠明亮
太平猴魁（安徽太平）	玉蘭花形，扁直（兩葉抱一芽），蒼綠油潤	嫩黃明亮	清高	濃醇，鮮爽	嫩厚成朵，嫩綠明亮
六安瓜片（安徽六安）	單片，不帶莖梗，葉邊背卷成條，勻整，色澤深綠起霜	綠亮	高爽	濃醇，較爽，火工足	嫩單片，勻齊，嫩綠明亮
武陽春雨（浙江武義縣）	全芽，勻整，嫩綠油潤	淺嫩綠清澈明亮	花香，嫩香，栗香	濃爽，帶花香	全芽肥嫩，勻齊，嫩綠明亮

三、綠茶選購技巧

綠茶加工過程中，鮮葉內的天然物質保留較多，如茶多酚、咖啡鹼、葉綠素、維生素等，從而形成了綠茶"三綠（乾茶綠、湯色綠、葉底綠）"的特點，只有 掌握一定的辨識能力和選購技巧，方能買到色香味俱佳的綠茶。

（一）觀驗乾茶

選購前應先看乾茶，首先將其握於手中捏一下判斷乾濕情況，能捏碎說明水分含量較少，捏後不變形說明茶葉可能已受潮，這種茶葉易發黴變質不耐貯存，故不宜購買。然後進一步觀驗乾茶，透過外形、色澤、嫩度等因數來判斷茶葉的優劣（詳見下表）。值得注意的是，白毫即嫩芽經過烘焙後形成的白色茸毛，一般茶芽越嫩，製成的茶葉越是白毫顯露且緊附茶葉，然而這種方法只適用於毛峰、毛尖、銀針等茸毛類茶，西湖龍井、竹葉青等經過脫毫處理的綠茶白毫含量很少。接下來是聞香氣，品質越好的綠茶，香味越濃郁撲鼻，可將幹茶投入經沸水燙盞的杯中充分嗅聞，有青草氣等雜味者均為次質。

表 6.9 優質綠茶與次質綠茶外形因數評定表

品質因數	外形	色澤	嫩度
優質 綠茶	扁形綠茶茶條扁平挺直、光滑，捲曲形或螺形綠茶條索緊細、彎直光滑，質重勻齊	茶芽翠綠、油潤光亮	白毫或鋒苗顯露，身首重實
次質 綠茶	外形看上去粗糙、鬆散 結塊、短碎者均為次質	色澤深淺不一，枯乾、花雜、細碎，灰暗而無光澤等情況的均為次質	芽尖或白毫較少，茶葉外形粗糙，葉質老，身首輕

圖 6.23 優質龍井與次質龍井幹茶對比圖（左質優、右質次）

（二）品評茶湯

評鑒過幹茶後就要開湯品嘗了，通過茶湯的香氣、湯色、滋味來判斷茶葉的優劣（詳見下表）。

表 6.10　優質綠茶與次質綠茶香氣、湯色因數評定表

品質因數	香氣	湯色	滋味
優質綠茶	香氣要清爽、醇厚、濃郁、持久，並且新鮮純正，沒有其他異味	茶湯色麗豔濃、澄清透亮，無混雜	先感稍澀，而後轉甘，鮮爽醇厚
次質綠茶	香氣淡薄，持續時間短，無新茶的新鮮氣味	茶湯亮度差，色淡，略有渾濁	味淡薄、苦澀或略有焦味

香氣方面主要考察其純度、香氣類型及持久性等；湯色方面主要通過其明亮程度來判斷，好的茶是比較亮的，如圖 6.24 中的茶樣從左至右等級越來越高，其湯色也是越來越明亮；滋味審評就是判斷茶好不好喝，一般口含 5 毫升茶湯一到兩秒鐘，讓茶湯先後在舌尖兩側和舌根滾動，充分體會其滋味特徵。

圖 6.24 不同等級三杯香茶的乾茶、茶湯、葉底對比圖（由左至右等級越來越高）

最後是評葉底，根據葉底的嫩度、均勻度和色澤進行鑒定。

一葉一芽　　　　　一芽二葉初展　　　　　單芽

圖 6.25 葉底形狀、嫩度

翠綠　　　　　　　黃綠　　　　　　　嫩綠

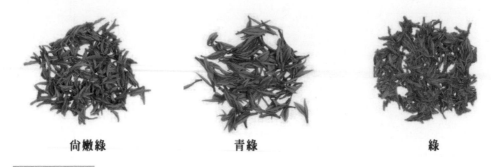

尚嫩綠　　　　　　　青綠　　　　　　　綠

圖 6.26 葉底色澤

（三）國家地理標誌保護產品

　　作為茶葉新手，要想買到優質的茶葉，最保險的方式就是購買知名品牌茶葉以及認準中國國家地理標誌保護。地理標誌是指標示某商品來源於某地區，該商品的特定品質、信譽或者其他特徵，主要由該地區的自然因素或人為因素所決定的標誌，該詞源於 19 世紀的法國，其葡萄酒的獨步天下便很大程度上得益于其原產 地名稱保護制度。

圖 6.27 2016 年西湖龍井三大防偽標識

　　2016 年正宗西湖龍井茶的外包裝將呈現三大防偽標誌，即由質檢部門印製的地理標、由杭州市西湖龍井茶管理協會印製的茶農標和證明標，並首次啟用二維碼防偽查詢。

圖 6.28 西湖龍井茶基地一級保護區

　　地理標誌對於茶葉原產地保護具有重要的意義，古語云："橘生淮南則為橘，生於淮北則為枳。"茶葉也是如此，同一品種生長於不同環境條件下，製作出的茶葉特質也會有所差別，因此原產地生產的茶葉往往更受青睞。在中國品質監督檢驗檢疫總局推出的地理標誌保護產品名錄中，西湖龍井、黃山毛峰、碧螺春、信陽毛尖、六安瓜片、太平猴魁等知名綠茶均位列其中。在中國，與地理標誌稱謂相似的還有"地理標誌產品""原產地域產品""農產品地理標誌"等，它們 在本質上是基本一致的，均能指導消費者買到原產地生產的茶葉。

圖 6.29 中國地理標識、中華人民共和國地理標誌保護產品、農產品地理標識

四、綠茶保鮮貯存

綠茶極易吸濕、吸異味，在自然環境條件下容易變質，即使在沒有開封的情況下長時間存放也會失去香味。因此在貯藏方面要下足工夫，不然買到再好的綠茶也無法品飲到其真味。

（一）綠茶貯存五大忌

1 · 忌潮濕

茶葉易吸潮發生黴變，貯存時應避免放置於潮濕之地，含水量應控制在 6% 以下，最好是 4% 左右。

2 · 忌光線

光線直射會加速茶葉中各種化學反應的進行，導致茶葉色素氧化變色、芳香物質分解破壞等。因此，不要將茶葉貯存在玻璃容器或透明塑膠袋中，應避光保存。

3·忌空氣

綠茶中很多成分易與空氣中的氧氣結合，氧化後的綠茶會出現湯色變紅、香氣變差、營養價值降低等現象。因此，貯存綠茶時應避免將其暴露在空氣中，一旦開封應儘快飲用。

4·忌高溫

高溫會破壞茶葉中的有效成分，嚴重影響茶葉的色澤、香氣和滋味。一般綠茶的最佳貯存溫度為0℃～5℃，最好能放在冰箱內進行冷藏保存。

5·忌異味

茶葉極易吸收異味，如果將其與有異味的物品混放，就會吸收異味且無法去除。因此在貯存茶葉時最好將其單獨存放，避免受其他氣味的影響。

（二）綠茶貯存五方法

瞭解了綠茶變質的原因，我們便能因勢利導地選擇合適的貯存方法，常見的方法主要有以下五種：

1·低溫貯存法

將綠茶放在冰箱、冷藏櫃中保存，冷藏溫度維持在0℃～5℃為宜；若貯藏期超過半年，則以冷凍(-10℃～-18℃)效果較佳。最好能有專門的貯茶冰櫃，如必須與其他食物混放，則應完全密封以免吸附異味。由冷櫃內取出茶葉時，應待茶罐溫度回升至與室溫相近時再取出茶葉，否則驟然打開茶罐容易使茶葉表面凝結水汽，加速劣變。

2·瓦壇貯存法

用牛皮紙或其他質地厚實的紙張（切忌用報紙等異味紙張）把綠茶包好，在瓦罐內沿四周擺放，中間放塊狀石灰包，石灰包的大小視茶葉數量而定，然後用軟草紙墊蓋壇口，減少空氣進入。每過2～3個月檢查一次內部石灰的吸濕程度，當其變成粉末時應及時更換。如一時沒有塊狀石灰更換，也可用矽膠代替，當矽膠呈粉紅色時取出烘乾，待其變為綠色時再用。在此條件下一般可保存6～10個月。

3·金屬罐貯存法

可選用鐵罐、不銹鋼罐或質地密實的錫罐，其中，錫罐材料緻密，對防潮、阻光、防氧化、防異味有很好的效果，是很好的選擇。如果是新買的罐子，或因原先存放過其他物品而殘存味道的罐子，可先用少許茶末置於罐內，蓋上蓋子，上下左右搖晃後倒棄，以去除異味。此外應注意的是，不要將茶葉直接與鐵等金屬接觸，避免發生化學反應而影響茶葉品質。

4·鋁箔袋貯存法

鋁箔袋具有無毒無味、耐高溫（121℃）、耐低溫（-50℃）、耐油、價格低廉等優勢，柔軟性、熱封性、機械性、阻隔性、保香性均較強，能有效防水、防潮、防異味，很適合貯存綠茶。

5·熱水瓶貯存法

熱水瓶也可以作為貯存茶葉的器皿，將綠茶放置於瓶膽內，蓋好塞子，若一時不飲用，可用蠟封口以防止漏氣，延長保存時間。由於瓶內空氣少，溫度相對穩定，瓶內的茶葉可以保存數月。但要注意所選用的熱水瓶膽隔層不能有破損，內壁的水垢也要清除乾淨，以免污染茶葉。

第七篇

⬤綠 茶之效——萬病之藥增人壽

　　綠茶中天然物質保留的比較多，如茶多酚、咖啡鹼保留率在 85% 以上，葉綠素保留了 5% 左右，維生素等的損失也較其他茶類少，從而形成了綠茶 "清湯綠葉，滋味收斂性強" 的特點。茶作為風靡世界的三大非酒精飲料之一，不僅在中國被稱為 "國飲"，更因其突出的保健功效而被世界各國所青睞。

清塘荷韻（三峽旅遊職業技術學院　劉夢林　指導老師：王安琪）

一、綠茶的功效成分

茶葉中經過分離鑑定的化合物有 700 多種，主要包括果膠物質、茶多酚類、生物鹼類、氨基酸類、糖類、有機酸、灰分等，它們構成了茶葉的品質和滋味。

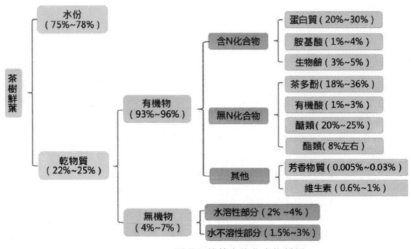

圖 7.1 茶葉中的化合物種類

綠茶中的主要功效成分有茶多酚、咖啡鹼、茶氨酸、維生素及微量元素。

（一）茶多酚

茶多酚是茶葉中多酚類物質的總稱，可分為黃烷醇類（兒茶素類）、黃酮及黃酮醇類（花黃素類）、花青素類和花白素類、酚酸和縮酚酸類。其中兒茶素類化合物是茶多酚中最具保健價值的部分，約占茶多酚總量的 70% ~80%，主要包括表兒茶素（EC）、表沒食子兒茶素（EGC）、表兒茶素沒食子酸酯（ECG）和表沒食子兒茶素沒食子酸酯（EGCG）四種物質。茶多酚是形成茶葉色香味的主要成分之一，我們飲茶時常感受到的澀味主要就是由多酚類化合物引起的，同時它也是茶葉中有保健功能的主要成分之一。

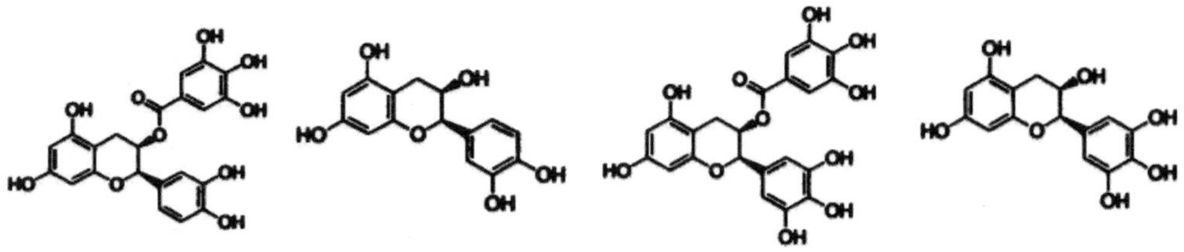

圖 7.2 四種主要兒茶素的分子結構式

　　在六大茶類中，綠茶中茶多酚的含量最高，為 20% ~30%。研究表明，茶多酚具有降血脂、防止血管硬化、消炎抑菌、防輻射、抗癌、抗突變等作用。

（二）咖啡鹼

　　茶葉鮮葉中的咖啡鹼是嘌呤衍生物，在茶葉中的含量一般在 2% ~4% 之間，有苦味，具有興奮中樞神經系統、解除大腦疲勞、加強肌肉收縮、強心利尿，減輕酒精和煙鹼的毒害等藥理功效。眾所周知的茶葉提神醒腦功效便是來自于其中富含的咖啡鹼。而且，茶葉中的咖啡鹼常和茶多酚呈絡合狀態存在，能抑制咖啡城在胃部產生作用，避免刺激胃酸的分泌，大大緩解了咖啡鹼在人體中可能造成的不適。

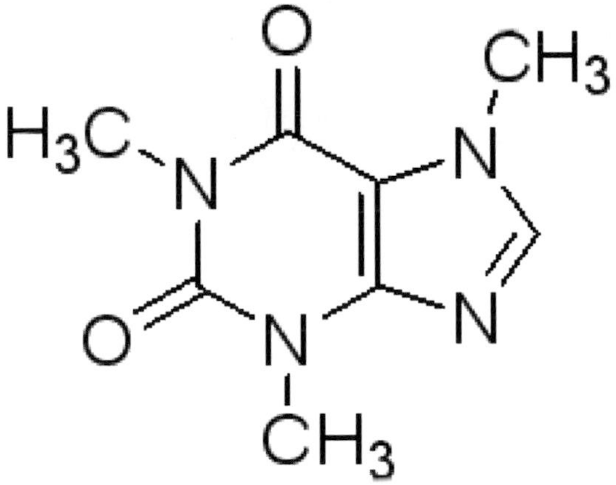

圖 7.3 咖啡鹼分子結構式

儘管目前普遍認為適量咖啡鹼對健康成年人一般無害，但對咖啡鹼敏感的人群一次性攝入 10 mg咖啡鹼便會引起某些不適症狀，而對於兒童、婦女以及某些病患者來說，茶葉中的咖啡城也成了他們望茶生畏的主要原因。為此，對於低咖啡鹼或脫咖啡鹼茶的研製引起了研究者的廣泛關注，目前多採用熱水浸提法、有機溶劑法和超臨界流體萃取法來生產低咖啡鹼或脫咖啡鹼綠茶。

（三）茶氨酸

茶氨酸是茶葉中特有的氨基酸，占茶葉中游離氨基酸的 50% 以上，是 1950 年日本學者酒戶彌二郎首次從綠茶中分離並命名的。品飲綠茶時感受到的鮮爽味就是來源於茶氨酸，它能夠顯著抑制茶湯的苦澀味。低檔綠茶添加茶氨酸可以提高其滋味品質。

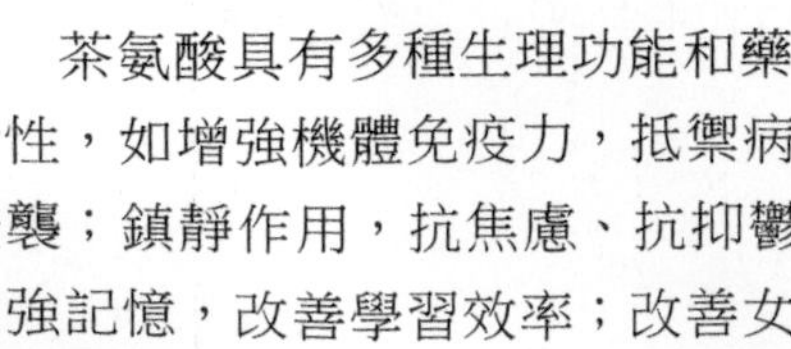

圖 7.4 茶氨酸分子結構式

茶氨酸具有多種生理功能和藥理活性，如增強機體免疫力，抵禦病毒侵襲；鎮靜作用，抗焦慮、抗抑鬱；增強記憶，改善學習效率；改善女性經前綜合症（PMS）；增強肝臟排毒功能；增加唾液分泌，對口乾綜合症有防治作用；協助抗腫瘤作用等。安吉白茶作為浙江名茶的後起之秀，就是因為其豐富的茶氨酸含量而形成了獨特的口感和保健功效，深受廣大消費者的喜愛。安吉白茶是一種珍罕的變異茶種，屬於“低溫敏感型”茶葉，每年約有一個月的時間產白葉茶。以原產地浙江安吉為例，春季，因葉綠素缺失，清明前萌發的嫩芽為白色；在穀雨前，色漸淡，多數呈玉白色；穀雨後至夏至前，逐漸轉為白綠相間的花葉；夏至後，芽葉恢復為全綠，與一般綠茶無異。珍貴的變異特性和優異的生長條件造就了安吉白茶獨特的品質特徵，其氨基酸含量高出一般茶 1~2 倍，為 6.19%~6.92%，茶多酚為 10.7%。

值得注意的是，安吉白茶屬綠茶類，與中國六大茶類“白茶類”中的白毫銀針、白牡丹等是不同的概念。白毫銀針、白牡丹是由綠色多毫的嫩葉製作而成的白茶，而安吉白茶則是由一種特殊白葉茶品種中的白色嫩葉按綠茶加工方法制得的名綠茶。它既是茶樹的珍稀品種，也是名貴的茶葉品名。

（四）維生素

綠茶中含有多種維生素，其中水溶性維生素（包括維生素 C 和 B 族維生素）可以通過飲茶直接被人體吸收利用。綠茶中維生素C的含量是六大茶類中最多的，不僅含量高，而且其中約有 90% 是富有藥理功效的還原型維生素 C。在泡茶時，第一泡約可泡出 50%~90%，第二泡約可泡出 10%~30%，幾乎全部可以利用。綠茶中的 B 族維生素，含量高而種類又多。飲用綠茶時，第一次沖泡可有 40%~70% 的維生素 B_1 和維生素 B_2 泡出，第二次泡有 20%~30% 泡出，因此，大部分也是可以被人體吸收利用的。

（五）礦物質

茶葉中含量最多的礦物質是鉀、鈣和磷，其次是鎂、鐵、錳等，而銅、鋅、鈉、硒等元素較少。不同的茶葉中其微量元素含量稍有差別，如綠茶所含的磷和鋅比紅茶高，而紅茶中鈣、銅、鈉的含量比綠茶高。

茶葉中的礦物質對人體是很有益處的，其中的鐵、銅、氟、鋅比其他植物性食物要高得多，而且茶葉中的維生素 C 有促進鐵吸收的功能。氟作為人體必需微量元素，對人體骨骼和牙齒琺瑯質生長有著重要的意義，每 100 克茶葉中氟含量可達 10~15 毫克，其中 80% 可溶於茶湯之中，每天飲茶有助於滿足人體對氟的需求量。

硒元素含量遠高於其他茶葉的綠茶被稱為富硒綠茶。硒是人體所必需的微量元素之一，據醫學家研究與測定，有 40 多種疾病的發生與缺硒有關，如心血管病、癌症、貧血、糖尿病、白內障等。而硒還具有抗癌、抗輻射、抗衰老和提高人體免疫力的作用。因此，富硒綠茶跟普通綠茶相比，對人體更具保健功能，越來越受到消費者的青睞。國內比較有名的富硒綠茶有陝西紫陽富硒茶、湖北恩施富硒茶等（恩施被譽為"世界硒都"）。

圖 7.5 被譽為 "中國富鋅富硒有機茶之鄉" 的貴州省鳳岡縣（湯權・攝）

圖 7.6 鳳岡鋅硒綠茶茶葉嫩芽（湯權·攝）

二、綠茶的保健功能

茶在中國最早的利用形式便是作為藥物，《神農本草》中有言"神農嘗百草，一日遇七十二毒，得茶而解之"。唐代大醫學家陳藏器在《本草拾遺》書中指出："諸藥為各病之藥，茶為萬病之藥。"綠茶作為歷史上最早的茶類，至今其保健功能已得到廣泛的認可。綠茶是六大茶類中茶多酚的含量最高的，因而茶多酚中的主要物質兒茶素含量也相應較高，具有突出的保健功能，綠茶也被譽為世界第一保健飲品，美國《時代》雜誌評選的全球十大健康食物排行榜中，綠茶也位列其中。

1. 抗菌消炎

綠茶中的兒茶素能在不傷害腸內有益菌的情況下抑制部分人體致病菌的繁殖，如對大腸桿菌、蠟狀芽孢杆菌、霍亂弧菌等都有較好的抑制效果。研究表明，喝綠茶能將關鍵抗生素抗擊超級細菌的功效提高 3 倍以上，並可降低包括"超級細菌"在內的各種病菌的耐藥性。

2. 抗病毒

茶多酚有較強的收斂作用，對病毒有明顯的抑制和殺滅作用。綠茶提取物能夠抑制 A、B 型流感病毒，對胃腸炎病毒、乙肝病毒、腺病毒也有較強的對抗抑制作用。此外，研究證實茶多酚是一種新型人體免疫缺陷病毒逆轉錄酶的強烈抑制劑，能夠明顯減低 I 型愛滋病病毒感染人體正常細胞的風險。

3. 防治心血管疾病

足夠的流行病學證據表明，亞洲人心血管疾病發生率比較低可能與長期飲用綠茶息息相關。綠茶中的主要有效單體成分 EGCG（表沒食子兒茶素沒食子酸酯）可有效抑制壓力超負荷所致的心肌肥厚和氧化應激引起的心肌細胞凋亡。此外，飲用綠茶越多，冠狀動脈顯著性狹窄的患者發病率降低，還能降低膽固醇和高血壓，預防動脈粥樣硬化。

4. 預防阿茲海默病（AD，老年癡呆症）

綠茶能夠抑制早期老年癡呆症患

者大腦病變神經斑塊中丁醯膽鹼酯酶的活性，從而抑制 β- 分泌酶的活性，改變 β 類澱粉的沉積，有助於早期老年癡呆症患者大腦中蛋白質沉澱物的產生。此外，綠茶中所含的茶多酚具有神經保護功能，可與有毒化合物綁定，抑制阿爾茨海默病的誘發因素，保護大腦細胞。

5. 防治口腔疾病

綠茶中的茶多酚能夠抑制口腔內多種病毒和病原菌的生長，用茶水漱口有助於消除口臭、防治口腔和咽部炎症等；茶多酚可促進維生素 C 在體內的吸收和儲存，可以輔助治療維生素 C 缺乏症；茶葉中的氨基酸及多酚類物質與口內唾液發生反應能調解味覺和嗅覺，增加唾液分泌，對口幹綜合征有防治作用；綠茶中氟的含量較多，有助對抗齲齒。

6. 抗癌

綠茶的防癌功效在已知的各類抗癌食物中名列前茅。動物研究表明，綠茶能抑制皮膚、肺、口腔、食道、胃、肝臟、腎臟、前列腺等器官的癌變，能夠抑制腫瘤細胞的增殖，促進腫瘤細胞凋亡。此外，綠茶中的酚類化合物能有效清除自由基、抗氧化，對化學致癌物苯並芘類誘導體有很強的抑製作用，還能抑制芳基烴受體分子的活性，從而阻斷某些致癌物質的生成，

進而抑制癌細胞生長。

7. 抗衰老

人體新陳代謝過程中產生的大量自由基會導致機體衰老和相關疾病的發生，SOD（超氧化物歧化酶）作為自由基清除劑，能有效清除過剩自由基，阻止自由基對人體的損傷。綠茶中的茶多酚具有很強的抗氧化性和自由基清除能力，同時能夠提高 SOD 活性，具有顯著的清除自由基效果。日本奧田拓勇的實驗結果表明，茶多酚的抗衰老效果比維生素 E 強 18 倍。

8. 抗輻射

由於突出的抗輻射功效，人們將茶葉稱為"原子時代的飲料"。伊朗科學家發現，工作前 2~3 小時飲用 1~2 杯綠茶能夠明顯降低接觸伽馬射線工人所受的輻射損傷。英國科學家發現，綠茶能有效減輕紫外線產生的過氧化氫和一氧化氮等有害物質對皮膚的損傷。科學家發現，白老鼠在飲用綠茶後經 γ 射線照射引起的細胞突變損傷效應比不喝綠茶的低。

9. 降脂減肥

茶葉的降脂減肥功效是其中多種有效成分綜合作用的結果，尤以茶多酚、咖啡鹼、維生素、氨基酸最為重要。國內外有較多的研究者認為綠茶提取物能夠降低胃和胰腺中脂肪酶的活性，

抑制脂肪在消化道中的分解與吸收。

芝加哥大學藥用植物研究中心給老鼠連續 7 天注射綠茶提取的兒茶素，結果表明其體重損失高達 21%。研究人員還發現，綠茶多酚能夠在不損傷肝功能的條件下減少血液中的血脂、血糖和膽固醇。來自波蘭的科學家們發現，綠茶提取物能夠抑制人體對澱粉的消化吸收，同時加速澱粉 的消耗，可以作為替代葡萄糖水解酶的藥物抑制劑應用於控制體重和治療糖尿病等領域。

三、科學品飲綠茶

雖然綠茶的保健功能顯著，但是也不能盲目喝，要根據我們的年齡、性別、體質、工作性質、生活環境及季節變化等來科學飲茶，才能充分發揮綠茶養生保健的功效。

（一）科學飲茶因人而異

從中醫角度看，綠茶屬涼性，是所有茶葉中下火解毒效果最好的。但是在飲用時要注意酌量，尤其是脾胃虛弱的人不可過量飲用，以免傷及脾胃。《中醫體質分類與判定》標準中將人的體質分為 9 種，體質類型和相應的特徵如下圖所示：其中，平和質的人什麼茶都可以喝；濕熱質、陰虛質的人應多飲綠茶；氣虛 質、陽虛質的人不宜飲用綠茶；氣鬱質的人可以多喝安吉白茶；血瘀質、痰濕質的人什麼茶都可以喝，宜多喝濃茶；特稟質的人應盡量喝淡茶，可以喝像安吉白茶這樣的低咖啡鹼、高胺基酸的茶。 如不知道自己屬於什麼體質也沒時間做測定的話，可以通過觀察身體是否出現不適反應來判斷是否適合飲用這類茶。比如若喝綠茶後馬上出現肚子不舒服的 症狀，就說明體質偏寒，應改喝溫性的茶；若喝完茶後容易出現頭昏或"茶醉"現象，就說明平時應避免喝濃茶；若喝了某種茶後感覺神清氣爽，身體感覺良好， 那就可以長期飲用。

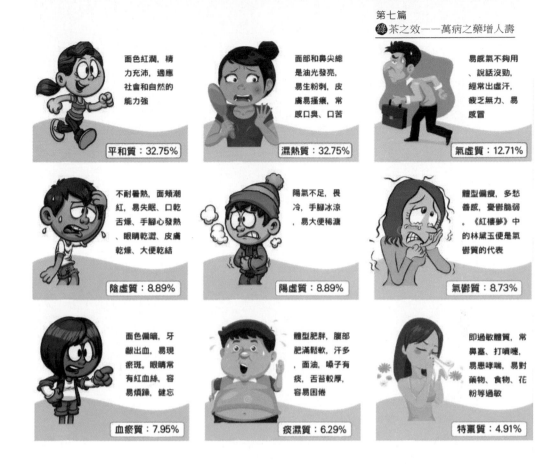

面色紅潤，精力充沛，適應社會和自然的能力強

平和質：32.75%

面部和鼻尖總是油光發亮，易生粉刺，皮膚易搔癢，常感口臭、口苦

濕熱質：32.75%

易感氣不夠用、說話沒勁，經常出虛汗，疲乏無力、易感冒

氣虛質：12.71%

不耐暑熱，面頰潮紅，易失眠、口乾舌燥、手腳心發熱、眼睛乾澀、皮膚乾燥、大便乾結

陰虛質：8.89%

陽氣不足，畏冷，手腳冰涼，易大便稀溏

陽虛質：8.89%

體型偏瘦，多愁善感，憂鬱脆弱。《紅樓夢》中的林黛玉便是氣鬱質的代表

氣鬱質：8.73%

面色偏曖，牙齦出血，易現瘀斑。眼睛常有紅血絲，容易煩躁、健忘

血瘀質：7.95%

體型肥胖，腹部肥滿鬆軟，汗多，面油，嗓子有痰，舌苔較厚，容易困倦

痰濕質：6.29%

即過敏體質，常鼻塞、打噴嚏，易患哮喘，易對藥物、食物、花粉等過敏

特稟質：4.91%

圖 7.7 中醫體質分類與判定

同時，不同的職業環境和工作崗位也適飲不同的茶，綠茶的適飲人群及適用理由如下表所示：

表 7.1　綠茶的適飲人群

適飲人群	適用理由
電腦工作者、採礦工人、接觸 X 射線的醫生、列印複印工作者等	抗輻射
腦力勞動者、駕駛員、運動員、廣播員、演員、歌手等	提高大腦靈敏程度，保持頭腦清醒、精力充沛
運動量小、易於肥胖的職業	去油膩、解內毒、降血脂
經常接觸有毒物質的人群	保健效果佳

（二）科學飲茶因時而異

由於我們的身體狀況會隨著的季節的更替而發生變化，因此喝茶也要根據季節進行調整，即看時喝茶。關於看時喝茶有這樣的說法："春飲花茶理郁氣，夏飲綠茶去暑濕。秋品烏龍解燥熱，冬日紅茶暖脾胃。"綠茶味略苦性寒，有解暑消熱、敗火降燥、清熱解毒、生津止渴、強心提神的功能。夏天炎熱，人們往往揮汗如雨，也容易精神不振，此時最宜品飲綠茶，不僅能清熱消暑，還對身體有保健功效，是夏季必備的保健飲品。

四、茶葉保健品現狀

隨著茶學研究的不斷深入和人們健康意識的日益提高，茶葉深加工與資源綜合利用成為茶行業發展的新趨勢，以茶為原料開發研製茶保健食品具有廣闊的發展前景。

以中國食品藥品監督管理總局官方網站（http://www.sfda.gov.cn/）資料庫為基礎，篩選出 2004—2014 年經中國食品藥品監督管理總局批准註冊並在官方網站上予以公佈的茶保健食品（項目名稱帶有"茶"字樣，且主要原料中含茶葉或茶葉提取物）共 196 個，占全部註冊產品的 2.14%，各年度批准保健食品數量及占比的變化趨勢如下圖所示。

茶保健食品中茶成分的添加形式主要分為茶葉（包括茶葉、紅茶、綠茶、烏龍茶、普洱茶、黑茶、花茶 7 項）和茶葉提取物（包括茶葉提取物、綠茶提取物、紅

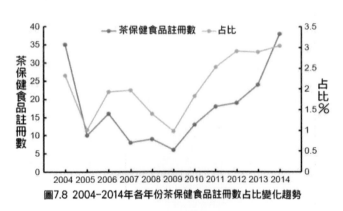

圖7.8 2004-2014年各年份茶保健食品註冊數占比變化趨勢

茶提取物、黑茶提取物、茶多酚 、茶色素 6 項）兩大類，其中以綠茶為原料的茶保健食品數量最多，共 97 個，占比 49.49%，遠遠超過其他茶成分。

表 7.2 2004—2014 年茶保健食品茶成分添加形式

以茶葉為原料			以茶葉提取物為原料		
茶原料形式	註冊產品數	占比 (%)	茶原料形式	註冊產品數	占比 (%)
綠茶	97	49.49	茶多酚	30	15.31
烏龍茶	12	6.12	綠茶提取物	18	9.18
紅茶	11	5.61	茶色素	3	1.53
茶葉	8	4.08	茶葉提取物	2	1.02
普洱茶	8	4.08	紅茶提取物	2	1.02
黑茶	2	1.02	黑茶提取物	2	1.02
花茶	1	0.51			
合計	139	70.92	合計	57	29.08

　　中國食品藥品監督管理總局公佈的保健食品功能共有 27 項，將保健功能新舊名稱統一後予以統計，2004—2014 年批准註冊茶保健食品涉及其中 18 項保健功能，可見茶保健食品的保健功能較為全面。其中最為常見的 5 項保健功能為輔助降血脂、減肥、增強免疫力、通便和緩解體力疲勞。

表 7.3 2004—2014 年茶保健食品保健功效

保健功效	產品數量	占比 (%)	保健功效	產品數量	占比 (%)
輔助降血脂	47	23.98	清咽	3	1.53
減肥	39	19.90	對輻射危害有輔助保護功能	3	1.53
增強免疫力	37	18.88	祛黃褐斑	2	1.02
通便	29	14.80	提高缺氧耐受力	2	1.02
緩解體力疲勞	22	11.22	增加骨密度	1	0.51
對化學性肝損傷有輔助保護功能	12	6.12	調節腸道菌群	1	0.51
輔助降血糖	10	5.10	輔助改善記憶	1	0.51
輔助降血壓	8	4.08	對胃黏膜有輔助保護功能	1	0.51
抗氧化	7	3.57	祛座瘡	1	0.51

面色澤搭配清麗典雅，令人食欲大增；另一方面茶葉所含的茶多酚能夠防止蝦仁中的不飽和脂肪酸在高溫烹調過程中發生氧化；此外，龍井茶的清香還可以去除蝦仁的腥味，於嫩鮮裡浸透出茶特有的香氣，讓人回味醇鮮。

五、綠茶的膳食利用

茶可入藥，亦可入食。以綠茶入食，一方面可以利用綠茶獨特的清香味除油解膩，另一方面也可通過綠茶突出的保健功能來增加食物的營養價值和藥用功效。

圖 7.9 以茶入膳食

圖 7.10 龍井蝦仁

綠茶入菜肴早在 3000 多年前就已存在，《晏子春秋》載："嬰相齊景公時，食脫粟之飯。炙三弋五卵，茗菜而已。"可見茶菜歷史之久遠。綠茶具有"清湯綠葉"的品質特色，香氣清香芬芳，滋味收斂性較大，適宜烹製口感清淡的菜肴。綠茶菜肴最有名的當屬龍井蝦仁，龍井蝦仁作為一道極富杭州特色的杭州名菜，蝦仁玉白、鮮嫩，茶葉碧綠、清香，搭配堪稱絕妙。一方

此外，綠茶粉的利用大大促進了以茶入食的發展，其中抹茶糕點深受廣大消費者，尤其是年輕群體的喜愛。很多糕點，如酥糖、餅乾等，原來都是重油、重糖的食品，加入綠茶粉改良後，口感會變得甜而不膩，還能攝入綠茶中的很多功效成分。同時，茶多酚作為一種科學驗證的油脂抗氧化劑，在糖果、糕餅中被廣泛應用，例如，

在糖果中加入茶多酚能起到抗氧化保鮮、固色固香、除口臭等作用；在月餅中添加茶多酚能延長其保質期等。

圖 7.11 綠茶糕點

第八篇

茶之雅——尋茶問道益文思

　　"茶"字拆開看為"人在草木間"，反映出人類面對自然的態度，也折射出面對人生的心境。綠茶積澱著中國幾千年的文化內涵，從古至今，無數歷史典故及名家名篇中都有綠茶的身影，每每讀來仿佛都能跨越歷史的長河，縱觀杯中天地，品味蒼宇人生。

運河情（浙江經貿職業技術學院　毛斌　指導老師：龔恕）

一、歷史典故

1‧龍井茶的傳說

　　相傳，清代乾隆年間，風調雨順，國力強盛，乾隆皇帝下江南，來到杭州龍井獅峰山下，看鄉女採茶，一時興起也跟著採了起來。才剛採了不久，忽然太監來報：「太后有病，請皇上急速回京。」乾隆皇帝聞訊就隨手將剛採的那一把 茶葉向袋內一放，日夜兼程趕回京城。

　　回京後，發現原來太后因山珍海味吃多了，一時肝火上升，雙眼紅腫，胃裡不適。乾隆皇帝進京見到太后，太后聞到一股清香，便問帶來什麼好東西。皇帝也覺得奇怪，隨手一摸，才發現是杭州獅峰山的一把茶葉，經過幾天的行程茶葉已經乾了，濃郁的香氣就是它散發出來的。太后命宮女將茶泡來品嘗，只覺清香撲鼻，喝完了茶，紅腫消了，胃也不脹了。太后高興地說：「杭州龍井的茶葉，真是靈丹妙藥。」乾隆皇帝見此，立即傳令下去，將杭州龍井獅峰山下胡公廟前那十八棵茶樹封為御茶，每年採摘新茶，專門進貢太后。

圖 8.1 老龍井與十八棵御茶

2．碧螺春的傳說

碧螺春是中國傳統名茶，產于江蘇吳縣太湖之濱的洞庭山。喝過碧螺春的朋友都知道，其濃郁清香的味道乃是碧螺春的一大特點，因而在清朝之前，碧螺春被人們叫做"嚇煞人香"。清代王彥奎《柳南隨筆》載："洞庭東山碧螺峰石壁，產野茶數株。康熙某年，土人按候而采，筐不勝載。初未見異，因置懷間，茶得熱氣異香忽發，采者爭呼曰：'嚇殺（煞）人香'"。由此當地人便將此茶叫"嚇煞人香"。到了清代康熙年間，康熙皇帝視察時品嘗了這種湯色碧綠、捲曲如螺的名茶，倍加讚賞，但覺得"嚇煞人香"其名不雅，於是題名"碧螺春"。從此以後，碧螺春茶就成為了歷年進貢之茶中珍品。

圖 8.2 洞庭碧螺春產區

3・從來佳茗似佳人

綠茶之妙，妙在清淡，又悄然釋放出含蓄的魅力，恰似婉約動人的江南女子，可聞香而不見粉黛，可意會而不可言傳。把茶比作女子大約是從蘇東坡開始的：「仙山靈雨濕行雲，洗遍香肌粉未勻。明月來投玉川子，清風吹破武林春。要知冰雪心腸好，不是膏油首面新。戲作小詩君勿笑，從來佳茗似佳人。」詩中"明月"指

圖8.3 書法家張周林隸書茶聯

一種外形似明月的茶餅，頸聯中的"冰雪"也是茶的一種別稱。宋代的茶是團茶，表面塗油膏，並繪以龍鳳等圖像，所以蘇東坡將其比作裝扮後的美人。"從來佳茗似佳人"，也成了千古名句。後來，人們將蘇東坡的另一首詩中的"欲把西湖比西子"與"從來佳茗似佳人"輯成一聯，陳列到茶館之中，成為一副名聯。

4・以茶代酒的由來

中華民族是禮儀之邦，素有"以茶代酒"的習俗，每逢宴飲，不善飲酒或不勝酒力者，往往會端起茶，道一句"以茶代酒"，既推辭了飲酒，又不失禮節，而且極富雅意。

"以茶代酒"的典故始於三國東吳的末代皇帝孫皓。據《三國志・吳志・韋曜傳》記載，孫皓嗜好飲酒，每次設宴，來客至少飲酒七升。但是他對博學多聞而酒量不大的朝臣韋曜甚為器重，常常破例，每當韋曜難以下臺時，他便"密賜茶荈以代酒"。然而韋曜是耿直之臣，常批評孫皓，說他在酒席上"令侍臣嘲謔公卿，以為笑樂"，長久以往，"外相毀傷，內長尤恨"。後韋曜被投入大獄處死，孫皓四年後也病故洛陽，後世便流傳下了"以茶代酒"的典故。

5・最是風雅話鬥茶

鬥茶，又名鬥茗、茗戰，始于唐

而盛于宋，顧名思義就是比賽茶葉質量的好壞。衡量鬥茶的效果，一是看茶面湯花的色澤和均勻程度，二是看盞的內沿與茶湯相接處有沒有水的痕跡。湯花色澤以純白為上，青白、灰白、黃白依而次之。湯花保持的時間較長，能緊貼盞沿而不散退的，叫做"咬盞"。散退較快的，或隨點隨散的，叫做"雲 腳渙亂"。湯花散退後，盞的內沿就 會出現水的痕跡，宋人稱為"水腳"。湯花散退早，先出現水痕的鬥茶者，便是輸家。

在宋代鬥茶為雅事，名人墨客趨之若鶩，宋徽宗《大觀茶論》、范仲淹《鬥茶歌》、江休夏《江鄰兒雜誌》、蔡襄《茶錄》、黃儒《品茶要錄》、唐庚《鬥茶論》、趙孟頫《鬥茶圖》、劉松年《茗園賭市圖》以及張擇端的《清明上河圖》等，都反映了當時鼎盛的鬥茶情景。

圖 8.4《鬥茶圖》 元·趙孟頫

圖 8.5 西湖龍井茶鄉春色

二、茶之詩詞

　　綠茶是大自然給予人類的精神饋贈，從古至今，不少文人墨客都曾以綠茶為
題材，或詠名茶、或述茶事，創作了許多膾炙人口、流芳千古的美麗詩篇。

答族侄僧中孚贈玉泉仙人掌茶
（唐·李白）

嘗聞玉泉山，山洞多乳窟。
仙鼠白如鴉，倒懸清溪月。
茗生此中石，玉泉流不歇。
根柯灑芳津，采服潤肌骨。
叢老卷綠葉，枝枝相接連。
曝成仙人掌，以拍洪崖肩。
舉世未見之，其名誰定傳。
宗英乃禪伯，投贈有佳篇。
清鏡燭無鹽，顧慚西子妍。
朝坐有餘興，長吟播諸天。

這首詠茶詩生動形象地描寫了仙
人掌茶的獨特品質，是名茶入詩最早
的詩篇。據史料記載，唐時，著名詩
人李白品嘗了族侄中孚禪師所贈的仙
人掌茶後，覺得此茶清香滑熟、形味
俱佳，便欣然提筆取名“玉泉仙人掌
茶”，並作詩一首以頌之。詩中詳細
介紹了仙人掌茶的出處、品質、功效等，
是重要的茶葉資料和詠茶名篇，玉泉
仙人掌茶也因此名聲大振。

琴茶
（唐·白居易）

兀兀寄形群動內，陶陶任性一生間。
自拋官後春多夢，不讀書來老更閑。
琴裡知聞唯渌水，茶中故舊是蒙山。
窮通行止常相伴，誰道吾今無往還？

詩中“蒙山”指蒙山茶，現在常
稱蒙頂茶，是漢族傳統綠茶，因產於
四川雅安蒙頂山區而得名。相傳西漢
時，甘露祖師吳理真在上清峰手植七
株茶樹，茶樹“高不盈尺，不生不滅，
迥異尋常”，久飲該茶有延年益壽之
奇效，故有“仙茶”之譽。詩人舉此茶，便
是藉以表明自己超然的思想。

圖8.6 蒙頂山皇茶園

大雲寺茶詩
（唐·呂岩）

玉蕊一槍稱絕品，僧家造法極功夫。
兔毛甌淺香雲白，蝦眼湯翻細浪俱。
斷送睡魔離幾席，增添清氣入肌膚。
幽叢自落溪岩外，不肯移根入上都。

　　該詩描述了大雲寺新茶沖泡、品飲的美妙享受。第一句形容採摘下來的鮮葉旗槍嫩芽，是製備綠茶的上好極品。第二句中"香雲白""蝦眼"則是形容飄香的白色茶湯和水初沸時 的水泡。第三句描述了飲茶後的體驗，頓覺神清氣爽、困意全無，茶之清香似乎滲入肌膚當中，表達了詩人對大雲寺新茶的喜愛。

湖州貢焙新茶
（唐·張文規）

鳳輦尋春半醉回，仙娥進水禦簾開。
牡丹花笑金鈿動，傳奏湖州紫筍來。

　　該詩描繪了唐朝宮廷的一幅日常生活圖景，前兩句寫皇上踏春而歸已是半醉微醺，後兩句生動地描繪了宮女傳奏吳興紫筍茶到來消息的喜悅之情，表達了對貢焙新茶的期待與珍愛。題目中提到的"貢焙"是指由朝 廷指定生產的貢茶，除此之外，還有 由地方官員選送進貢的茶葉，稱為"土貢"。湖州是中國歷史上第一個專門採制宮廷用茶的貢焙院所在地，最後一句提到的"湖州紫筍"便是產於此地的老牌貢茶顧渚紫筍，很多詩人都曾賦詩讚頌其優良的品質。白居易在《夜聞賈常州、崔湖州茶山境會亭歡宴》一詩中——青娥遞舞應爭妙，紫筍齊嘗各鬥新——描繪了當時紫筍茶的盛況；南宋詩人袁說友的《嘗顧渚新茶》——碧玉團枝種，青山擷草人。先春迎曉至，未雨得芽新。雲疊槍旗細，風生齒頰頻。何人修故事，香味徹楓宸——介紹了品飲顧渚紫筍新茶的美妙體驗。

走筆謝孟諫議寄新茶
（唐·盧仝）

日高丈五睡正濃，軍將打門驚周公。
口雲諫議送書信，白絹斜封三道印。 開緘宛見諫議面，手閱月團三百片。 聞道新年入山裡，蟄蟲驚動春風起。 天子須嘗陽羨茶，百草不敢先開花。 仁風暗結珠琲瓃，先春抽出黃金芽。 摘鮮焙芳旋封裹，至精至好且不奢。 至尊之餘合王公，何事便到山人家？柴門反關無俗客，紗帽籠頭自煎吃。 碧雲引風吹不斷，白花浮光凝碗面。
一碗喉吻潤，二碗破孤悶。
三碗搜枯腸，唯有文字五千卷。
四碗發輕汗，平生不平事，盡向毛孔散。
五碗肌骨清，六碗通仙靈。
七碗吃不得也，唯覺兩腋習習清風生。

蓬萊山，在何處？
玉川子，乘此清風欲歸去。　山上群仙司
下土，地位清高隔風雨。　安得知百萬億
蒼生命，墮在巔崖受辛苦。　便為諫議問
蒼生，到頭還得蘇息否？

該詩是唐代詩人盧仝品嘗友人孟
簡所贈的貢品陽羨茶後的即興作品，
是後世廣為流傳的茶文化經典之作，
盧仝也因其詩而被尊為自茶聖陸羽後
的"亞聖"。全詩分為三個部分——

圖 8.7 顧渚茶文化風景區

茶的物質層面、茶的精神層面和茶農的苦難境遇，尤以第二部分最為出名，常被單獨提取吟詠，命名為《七碗茶歌》。 江蘇宜興古稱陽羨，是中國著名的古茶區之一，詩中所提到的"陽羨茶"便產自於此。陽羨茶與西湖龍井、洞庭碧螺春等齊享盛名，不僅作為貢茶深受皇親 國戚的偏愛，更為不少文人雅士所讚頌。北宋沈括《夢溪筆談》載："古人論茶， 唯言陽羨、顧渚、天柱、蒙頂之類。"

圖 8.8 江蘇宜興陽羨茶文化博覽園

唐代朝廷每年在貢茶上花費的人力物力巨大，正如袁高在《茶山》中所述："動生千金費，日使萬姓貧"。朝廷專門設立貢茶院生產貢茶專供皇宮享用，宜興貢茶院便是最早的一批，關於其繁盛之狀有"房屋三十餘間，役工三萬人""工匠千余人""歲貢陽羨茶萬兩"的記載。因所產貢茶極為珍貴，且備受皇室喜愛，第一批茶必須確保在清明前送至長安以祭祀宗廟，故須經驛道快馬加鞭、日夜兼程急送長安，稱為"急程茶"，其尊貴地位從詩中"天子須嘗陽羨茶，百草不敢先開花"一句可見一斑。

與趙莒茶宴
（唐·錢起）

竹下忘言對紫茶，全勝羽客醉流霞。
塵心洗盡興難盡，一樹蟬聲片影斜。

該詩描繪了一幅竹林茶宴圖，"大曆十才子"之一的錢起與友人趙莒一同以茶代酒，聚首暢談，在自然山水的幽靜清雅和紫筍茶的芳馨靈秀中放下塵世雜念，一心清靜了無痕。詩中所寫的"紫茶"即紫筍茶，是著名的傳統綠茶，從唐肅宗年間（西元756—761）起被定為貢茶。最早出紫筍貢茶的是當時的陽羨（現今的宜興），茶聖陸羽品嘗後大加讚賞，陽羨紫筍茶也因此名揚全國，從此朝廷將其定為貢茶。後來因為宜興貢茶需求量太大，才由浙江長興顧渚分造。

詠茶十二韻
（唐·齊已）

百草讓為靈，功先百草成。
甘傳天下口，貴占火前名。
出處春無雁，收時穀有鶯。
封題從澤國，貢獻入秦京。
嗅覺精新極，嘗知骨自輕。
研通天柱響，摘繞蜀山明。
賦客秋吟起，禪師晝臥驚。
角開香滿室，爐動綠凝鐺。
晚憶涼泉對，閑思異果平。
松黃幹旋泛，雲母滑隨傾。
頗貴高人寄，尤宜別櫃盛。
曾尋修事法，妙盡陸先生。

該詩描繪了茶的生長、採摘、入貢、功效、烹煮、寄贈等一系列茶事，語言流暢，對仗精美。第二聯中的"火前"指的是寒食節之前，舊俗清明前一天有"寒食禁火"的習俗，即不可生火，只能吃冷食。採制於"火前"的茶甚為名貴，白居易有詩雲："紅紙一封書信後，綠芽十片火前春。"

根據採摘時間的不同，目前常將春茶分為明前茶和雨前茶。顧名思義，明前茶是清明節前採制的茶葉，雨前茶是穀雨前（4月5日以後至4月20日左右）採制的茶葉。一般而言，采摘時間越早的茶葉越細嫩，造就了明前茶優良的品質特徵，加之此時茶樹生長速度較慢，可供採摘的芽葉數量少，使得明前茶的價格會昂貴很多。故常有"明前茶，貴如金"的說法。雨前茶雖不及明前茶細嫩，但由於該段時間內氣溫升高，芽葉生長速度較快，積累的內含物也較豐富，因此雨前茶在滋味上更加鮮濃耐泡，價格上也更實惠一些。

峽中嘗茶
（唐·鄭穀）

簇簇新英摘露光，小江園裡火煎嘗。
吳僧漫說鴉山好，蜀叟休誇鳥嘴香。
合座半甌輕泛綠，開緘數片淺含黃。
鹿門病家不歸去，酒渴更知春味長。

該詩是詩人鄭谷在峽州品飲當地名茶"小江園茶"時所作。詩人提到了兩大唐代名茶：產自安徽宣城的鴉山茶和產自四川的鳥嘴茶，認為它們都比不上自己正在品嘗的小江園茶，是對小江園茶無上的褒獎。

題茶山
（唐·杜牧）

山實東吳秀，茶稱瑞花魁。
剖符雖俗吏，修貢亦仙才。

溪盡停蠻棹，旗張卓翠台。
柳村穿窈窕，松潤度喧逐。
等級雲峰峻，寬采洞府開。
拂天聞笑語，特地見樓臺。
泉嫩黃金湧，牙香紫蟹裁。
拜章期天日，輕騎疾奔雷。
舞袖嵐侵澗，歌聲穀答回。
磬音藏葉鳥，雪豔照潭梅。
好是全家到，兼為奉詔來。
樹陰香作帳，花經落成堆。
景物殘三月，登臨愴一杯。
重遊難自克，俯首入塵埃。

該詩描繪了茶山的自然風光、修貢時的繁華景象以及紫筍茶的入貢，詩中提到的"瑞草魁"是歷史名茶，產於安徽南部的鴉山，又名鴉山茶，自唐以來盛名不衰。唐代陸羽《茶經》中就有關於古宣州鴉山產茶的記載，五代蜀毛文錫《茶譜》載："宣城縣有丫山（即鴉山），小方餅橫鋪茗牙裝面。其山東為朝日所燭，號曰陽坡，其茶最勝，太守嘗薦于京洛人士，題曰丫山陽坡橫紋茶。"1985年至1986年間，郎溪姚村鄉永豐村經過試驗，創制了現今的瑞草魁。

答宣城張主簿遺鴉山茶次其韻
（宋·梅堯臣）

昔觀唐人詩，茶詠鴉山嘉。

鴉銜茶子生，遂同山名鴉。
重以初槍旗，采之穿煙霞。
江南雖盛產，處處無此茶。
纖嫩如雀舌，煎烹比露芽。
競收青篛焙，不重漉酒紗。
顧渚亦頗近，蒙頂來以遐。
雙井鷹搦爪，建溪春剝葩。
日鑄弄香美，天目猶稻麻。
吳人與越人，各各相鬥誇。
傳買費金帛，愛貪無夷華。
甘苦不一致，精麤還有差。
至珍非貴多，為贈勿言些。
如何煩縣僚，忽遺及我家。
雪貯雙砂罌，詩琢無玉瑕。
文字搜怪奇，難於抱長蛇。
明珠滿紙上，剩畜不為奢。
玩久手生胝，窺久眼生花。
嘗聞茗消肉，應亦可破瘕。
飲啜氣覺清，賞重歎複嗟。
歎嗟既不足，吟誦又豈加。
我今實強為，君莫笑我耶。

該詩是一首詠茶詩，是詩人梅堯臣為答謝宣城縣主簿張獻民贈送鴉山茶和詠茶詩所作。詩中介紹了鴉山茶的來歷、品質和採摘加工方法，並將其與眾多名茶相媲美，如浙江長興顧渚茶、四川蒙頂茶、江西雙井茶、福建建溪茶、紹興會稽山日鑄茶和天目山名茶等，讚美了其品質的無與倫比。

三、中國茶德

茶積澱著中國幾千年的文化內涵，茶品如人品，品茶如品人。將"茶"與"德"聯繫在一起的記載最早出現 在陸羽《茶經·一之源》中："茶之 為用，味至寒，為飲最宜精行儉德之人。"這也將飲茶這種日常生活內容提升到了精神層面，標誌著中國古代茶精神文化的確立。

首先將"茶德"作為一個完整理 念提出的是唐朝劉貞亮，他在《茶十德》一文中概括了飲茶十德：以茶散鬱氣；以茶驅睡氣；以茶養生氣；以茶除病氣；以茶利禮仁；以茶表敬意；以茶嘗滋味；以茶養身體；以茶可行道；以茶可雅志。其中有對健康養生的理解，也有對人生哲理的闡述。如果說陸羽所言的茶德更注重個人品德修養的話，那麼劉貞亮的飲茶十德則將其擴大到了和敬待人的人際關係上。

當代茶人對於茶德的精神文化內 涵也不斷有新的理解，其中以茶學泰鬥莊晚芳（1908—1996）提出的中國茶德"廉·美·和·敬"最為清晰完整，淺釋為：

廉儉育德——清茶一杯滌凡心，清廉儉樸好品行。

美真康樂——茶美水美意境美，心曠神怡人生樂。 和誠處世——以茶廣結人間緣，和衷共濟天地寬。 敬愛為人——敬人愛民為本真，律己揚善常感恩。 對中國茶德的解讀隨著時代發展不斷提升完善，蘊涵著我國五千年的文明詩風與人生哲理。在加強物質文明建設與精神文明建設的今天，我們應以茶教化，習茶做人，在一盞茶中踐行中華民族的傳統美德與處世哲學。

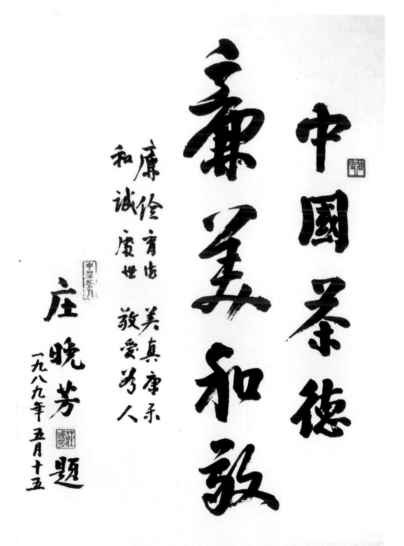

圖 8.9 茶學泰斗莊晚芳先生所題中國茶德

第九篇
綠 茶之揚——天下誰人不識茶

　　中國茶初興于巴蜀，逐步遍及全國。此後，又向國外傳播，既作為融入日常生活的飲品，又作為先進高雅的習俗和文化走出國門。如今，中國茶在世界各地盛行，向五湖四海的人們展現著中國茶文化的博大精深。

春·流年（北京財貿職業學院 楊磊磊 指導老師：侯雪豔）

一、中國茶的世界路

　　世界上很多地方的飲茶習慣都是從中國傳過去的，其傳播歷程已有約 2000 年的歷史，但有文字可考的，要追溯到西元 6 世紀以後。中國茶葉首先通過佛教僧侶的交流傳到朝鮮和日本，隨後沿絲綢之路和茶馬古道傳到中亞和東歐，再由海上絲綢之路傳到西歐，西元 18 世紀中國茶葉被英國東印度公司運到印度大吉嶺進行種植。

　　目前，全世界有 160 多個國家和地區的人民有飲茶習俗，飲茶人口達 20 多億。每年中國茶葉出口至五大洲 126 個國家和地區，平均出口總量 30.1 萬噸，出口金額 12.7 億美元。其中綠茶出口 24.9 萬噸，金額 9.5 億美元，在茶葉貿易中發揮支撐作用，占出口總量的 80% 以上。然而，世界上多數國家的消費者以飲紅茶為主，中國綠茶主要銷往經濟欠發達的國家和地區，且以低檔茶為主，價格持續處於低位。

圖 9.1 第十五屆國際無我茶會杭州站、千島湖站、龍泉站盛況

圖 9.2 第十五屆國際無我茶會上的茶人風姿

延伸閱讀：無我茶會

　　無我茶會是一種大眾參與的茶會形式，提倡人與人之間的平等和諧，不問年齡出處，不講茶葉、茶具貴賤，人人泡茶、人人敬茶、人人品茶，顯示出無我茶會無流派與地域限制的理念。自臺灣陸羽茶藝中心的蔡榮章先生于1990 年 5 月創辦國際無我茶會以來，這一形式在各地愛茶人群中迅速流行，現已成為世界主要喝茶地區通行的茶會形式。

　　無我茶會一般在戶外舉行，奉行"簡便泡茶法"，選用簡便的茶具和簡便的沖泡方式，使茶友們不至於把時間花在茶具的準備、操作與收拾上，進而全身心地享受茶會的氣氛與意境。茶會開始時，茶友們有序簽到、抽籤，然後對號入席圍成一圈進行泡茶。若規定每人泡茶四杯，那就把三杯奉給左邊三位茶友（也可規定奉左邊第二、第四、第六位茶友），最後一杯留給自己。一般奉完三道茶，聆聽完音樂演奏後（此環節可省略），便可收拾茶具結束茶會。

無我茶會的七大精神：

　　①無尊卑之分。茶會上的座位安排完全由抽籤決定，不設貴賓席、觀禮席，但可以有茶友自發圍觀，表現出無尊卑之分的精神。所有人席地而坐，不但簡便樸素，亦沒有桌椅的阻隔，縮短了人與人之間的距離，整體氛圍更加坦然親切。

　　②無報償之心。無我茶會在奉茶時，全部按照同一方向進行，如規定每人泡四杯茶、向左邊茶友奉茶的話，那麼每個人泡的茶都是奉給左邊的三位茶友，而自己所品之茶卻來自右邊的三位茶友。在這個過程中，將茶奉給誰或接受誰的茶，都不是事先安排好的，也無法從自己所奉茶的人中獲得回饋，人人都為他人服務，而不求對方報償，借此宣導人們"放淡報償之心"。

　　③無好惡之心。茶友們自己攜帶要衝泡的茶葉，種類不拘，品級不限。每個人品嘗到的四杯茶都不一樣，且必須喝完，不能依自己的喜好進行挑選。同時由於茶類和沖泡技藝的差別，品飲體驗也會大不相同。這就要求每位與會者都要放下個人好惡，以客觀的心態來接納、欣賞每一杯茶，不能只喝自己喜歡的茶，而厭惡別的茶。

④無流派與地域之分。茶會中的茶具和泡茶手法皆不受拘束，各個流派不同地域的方式均能被接納，奉行以茶會友、以茶修德、和而不同的理念。

⑤求精進之心。參會的茶友都以泡壺好茶與人分享為信念，因此事先要有足夠的練習，品飲別人泡的茶時也要見賢思齊，擇善而從，時時反思，常常檢討，使自己的茶藝日益精深。

⑥遵守公共約定。無我茶會進行過程中，每個人都要自覺按照事先約定好的規則和程式進行，期間不設指揮與司儀。當每個茶友都能嚴格遵守公共約定時，會場同樣有條不紊、寧靜祥和，展現了茶人們克己復禮、動必緣義的精神風貌。

⑦培養團體默契。整個茶會過程中，參會人員專注泡茶、奉茶，期間不需任何言語的交流，彼此按規行事，心照不宣。奉茶時若對方也在座位，則互相鞠躬致意、相視一笑，以表感恩之心。如此一來不但表現出茶道的空寂境界，還使得茶友們能專注於茶葉沖泡，及時關注周圍人泡茶的快慢以調整自己的沖泡速度，不知不覺中培養了團體默契，表現出自然的協調之美。

二、世界茶的中國源

（一）日本

目前世界上有 60 多個國家與地區生產茶葉，綠茶產區除中國外，最主要的就是日本。日本出產的茶葉品類很單一，基本全部是綠茶，日本人對綠茶的喜愛由此可見一斑。

1．歷史淵源

中國的茶與茶文化以浙江為主要管道、以佛教為媒介傳入日本。唐朝期間，日本僧人最澄在浙江台州的天臺山留學，天臺山是中國佛教八大宗派之一——天台宗的發源地，最澄先從天臺山修禪寺天臺宗第十祖道遂學習天臺教義和《摩訶止觀》等書，又從天臺山佛隴寺行滿大師學習《止觀釋簽》《法華》《涅槃》諸經疏，並從天臺山禪林寺僧俺然受牛頭禪法。回國時，他不僅將天臺宗帶到日本，還將茶種引種至京都比睿山，茶葉逐漸成為深受日本皇室喜愛的飲品，並逐步在民間普及。

宋朝時，僧人榮西也在天臺山研習佛法並修學茶藝，所著《吃茶養生記》一書記錄了南宋時期流行於江浙一帶的制茶過程和點茶法。自此飲茶之風在日本迅速盛行開來，榮西也因此被尊為日本的"茶祖"。

此後，日本高僧圓爾辯圓、南浦紹明等人也先後到浙江徑山寺求學，並將徑山的制茶工藝、飲茶器皿和"茶宴"禮儀帶回日本廣為傳播，這可認為是日本蒸青綠茶制法的鼻祖。

2·基本分類

在綠茶加工工藝方面，中國多採用炒制殺青，茶湯香味突出，茶味濃；而日本則多用蒸汽殺青，再在火上揉撚焙乾或直接在陽光下曬乾，茶色保持翠綠，味道清雅圓潤。

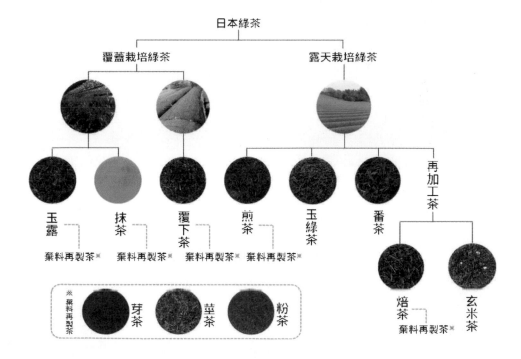

圖 9.3 日本綠茶分類圖

日本出產的茶葉超過九成都是綠茶，分類極其細緻，不同制法和不同產地生產出的茶葉，其香氣、味道、口感各不相同，總體上以玉露為最佳，煎茶次之，番茶再次。其栽培方式可分為露天栽培和覆蓋栽培兩種，覆蓋栽培即在新芽開始長的時候，搭上稻草、遮光布、遮陽板等給予一段時間的覆蓋，避免茶芽接受直射陽光，使得鮮葉中茶氨酸增多，咖啡鹼和葉綠素含量也較為豐富，從而形成鮮爽醇厚的滋味特徵。

①玉露 玉露茶是日本茶中最高級的茶品，
其生產對茶樹要求非常高。新芽採摘前 3 周左右，茶農就會搭起架子，覆蓋遮光材料阻擋陽光，小心保護茶樹的頂端，使得茶樹能長出柔軟的新芽。遮光率初期為 70% 左右，臨近採摘則至 90% 以上。采下的嫩葉經高溫蒸汽殺青後，急速冷卻，再揉成細長的茶葉。玉露的澀味較少，甘甜柔和，茶湯清澄，是待客送禮的首選。

很多人花高價買回日本玉露品飲，卻覺苦澀難以下嚥，其主要原因往往是因為沖泡水溫過高。沖泡日本茶時應注意，茶的品級越高，所用水溫應越低。品飲玉露時采應用低溫熱水慢慢沖泡，水溫控制在 50℃ ~60℃ 為宜。

②抹茶 抹茶的栽培方式跟玉露一樣，同樣需要在茶芽生長期間進行遮蓋避光。

採摘下來的茶葉經過蒸汽殺青後直接烘乾，接著去除茶柄和莖，再以石臼碾磨成微小細膩的粉末。沖泡抹茶時水溫應控制在 70℃ ~80℃ 為宜，天氣炎熱時也可直接用冷水沖泡，苦澀味恰到好處，清爽口感明顯，甘甜清香突出。

抹茶兼顧了喝茶與吃茶的好處，也常用於茶道點 茶，此外它濃郁的茶香味和青翠的顏色使得很多日本料理、和果子（一種以小豆為主要原料的日本點心）都會以之作為添加材料。值得注意的是，嚴格意義上的抹茶價格昂貴，通常市面上用作食品添加材料的抹茶都是一般的茶末或加了人工添加劑的抹茶。

③煎茶 煎茶是日本最流行的日常用茶，產量約占日本茶的 80% 以上，具有悠久的歷史。生產煎茶的茶樹直接露天 栽培，採摘鮮葉後以蒸汽殺青，再揉 成細卷狀烘乾而成。成茶挺拔如松針， 好的煎茶色澤墨綠油亮，沖泡後鮮嫩 翠綠，茶香清爽，回甘悠長。與玉露 相比，煎茶帶少許澀味，沖泡水溫應 控制在 70℃ ~90℃ 為宜。

④覆下茶 覆下茶介於玉露和煎茶之間，栽培時同樣要進行遮光處理，但遮光周 期較玉露短一些，約 7~10 天。茶農往 往直接在茶樹上鋪蓋遮光布，遮光率 在 50% 左右。後續的加工工藝與玉露

相似，滋味方面雖不及玉露那樣濃厚甘甜，但比煎茶的風味柔和，適於不喜歡苦澀味的人飲用。

覆下茶具有煎茶和玉露中間的特性，沖泡時水溫越低，越容易沏出甘味，水溫越高則苦澀味越強，一般應控制在 60~80℃ 左右，可根據個人喜好的口感進行選擇。

⑤玉綠茶 玉綠茶前幾道加工工序與煎茶基本一致，只是最後一步不經過揉撚，故葉片會卷起來，可分為中國式炒制（主要在九州地區，由江戶時代明惠上人發揚光大）與日本式蒸制（大正時期出現）兩種，沖泡溫度控制在 70℃ 左右。

⑥番茶 番茶是最低級別的茶，採摘完用於生產煎茶的嫩葉後，較大、較粗糙、纖維含量較高的葉子便用來生產番茶。此外，夏秋季採摘的鮮葉，不論是茶芽還是較大的葉子，製成的茶都只能叫做番茶。番茶的加工過程與煎茶相同，但除葉子外，其葉莖和葉柄也可用於制茶。沖泡番茶應採用 100℃ 的沸水，顏色較深，茶味偏濃重，但所含咖啡鹼比玉露少，故苦味清淡，刺激性也比較小。

⑦焙茶 焙茶是以煎茶、番茶、莖茶等品級較低的綠茶，經高溫炒制加工而成。

炒過的焙茶呈褐色，苦澀味道去除，帶有濃濃的煙熏味和暖暖的炒香，適合作為寒冷天氣的茶飲。由於焙茶容易浮在茶湯表面，建議用帶有濾網的茶壺沖泡，方便飲用。

⑧玄米茶 將糙米在鍋中炒至足香，混入番茶或煎茶中即得玄米茶。其茶湯米香濃郁，既有日本傳統綠茶淡淡的幽香，又蘊含獨特的烘炒米香，別有一番趣味。此外，特有的炒米香還能掩蓋茶葉的部分苦味和澀味，也兼具玄米和綠茶的雙重營養，不僅廣受日本人喜愛，在整個亞洲都是很流行的茶飲。

⑨芽茶、莖茶、粉茶 日本茶葉的加工過程可謂是物盡其用，樹頂的嫩葉做上等的玉露與抹茶，露天茶園的嫩芽做煎茶，粗老的大葉做番茶，不僅如此，加工以上各類茶葉時揀選不用的材料也能將其生產為新品類的茶葉，芽茶、莖茶、粉茶便是如此。

加工玉露或煎茶時，細嫩的芽葉往往會捲曲成丸狀小粒，為求茶葉外觀整齊，會把這些嫩芽分離出來加工成芽茶，這些茶基本上都被茶農自留飲用，市面上比較少見，此外，加工玉露、抹茶、覆下茶時掉下來的碎葉與遺留的莖梗，可被進一步製成莖茶與粉茶，這些茶在沖泡時滋味出來得快，但持久度較差。

3·茶葉產區

日本在 8 世紀從中國引進茶葉，最初種植在京都附近，以後逐漸擴展到靜岡、九州、鹿兒島等地，現主要分布在靜岡、鹿兒島、三重等 6 個縣。

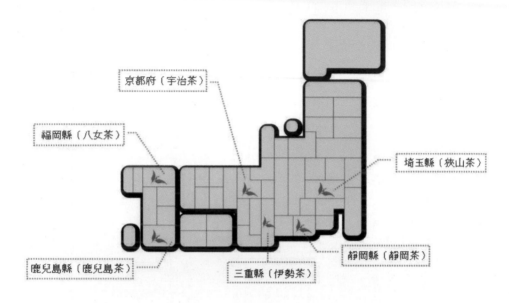

京都府（宇治茶）

福岡縣（八女茶）

埼玉縣（狹山茶）

鹿兒島縣（鹿兒島茶）

三重縣（伊勢茶）

靜岡縣（靜岡茶）

圖 9.4 日本茶區分布示意圖

①靜岡縣

靜岡縣是日本最大的產茶縣，綠茶產量占全日本的一半左右，所產的靜岡茶為日本三大名茶（靜岡茶、狹山茶、宇治茶）之一，民間有"色數靜岡，香數宇治，味數狹山"的說法，意為靜岡茶顏色最好，宇治茶香氣最佳，狹山茶滋味最優。日本旅遊業界十分重視靜岡茶的推廣，富士山南面的茶田已成為日本代表性的勝景，當地會安排遊客採摘茶葉的體驗專案。

靜岡茶

圖 9.5 靜岡縣地圖

②鹿兒島縣

　　茶葉產量僅次於靜岡縣排日本第二位，主要生產煎茶。鹿兒島縣地處日本南端，氣候溫暖，從 4 月上旬就開始採摘新茶，種子島更是在 3 月份下旬就開始收茶，日本最早上市的新茶便產自於此。

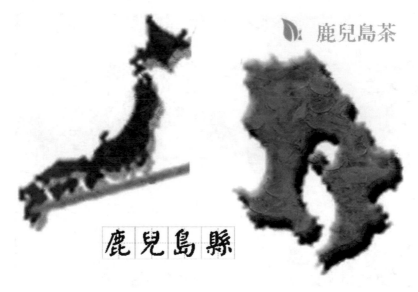

鹿兒島茶

圖 9.6 鹿兒島縣地圖

③三重縣

　茶葉產量排全國第三位。"伊勢茶"是該縣茶葉品牌的代名詞，主要產地是 鈴鹿山系的丘陵地帶和櫛田川、宮川水系區域，具有濃厚的滋味。

圖 9.7 三重縣地圖

④埼玉縣

　狹山茶是埼玉縣西部和東京都西多摩地區生產的一種茶葉，是埼玉縣種植面積最大的農作物，為日本三大名茶之一，有"味數狹山"的讚譽。狹山茶一年只 在春天和夏天進行採摘，比日本其他地方的茶葉採摘次數都要少，所以味道也更為正宗和美味。

圖 9.8 埼玉縣地圖

⑤京都府

所產的宇治茶為日本三大名茶之一，有"香數宇治"的美譽。宇治茶產於京都府南部的山城地域，其茶樹栽培可追溯到鐮倉時代，是日本茶的起源之地，極具代表性。此地的各大老字型大小茶莊不斷致力於茶衍生產品的研製，各種含茶的甜品深受女士們以及各地遊客的喜愛。

圖 9.9 京都府地圖

⑥福岡縣

福岡縣的玉露產量居日本第一。該縣的八女地區是日本最著名的高級茶產地之一，所產八女茶茶香而味濃，多次入選日本茶葉品評會，是綠茶中的極品。

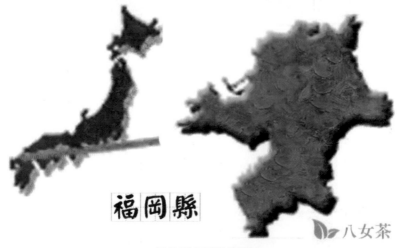

圖 9.10 福岡縣地圖

4．產業特點

日本茶葉生產品種單一，基本都是綠茶，主要產地集中在靜岡、鹿兒島、三重三個縣。與世界其他地方茶園很不同的是，日本茶園中的茶樹是成片種植、排列成長條形的，沒有被分隔開，一眼望去綠浪錯落起伏，宛若一幅風景畫，極富美感。茶叢上部表面是弧形的，採茶者就是從這些長而有規劃的採摘面上摘取新芽和葉子的。

日本茶園管理現代化程度高，內部道路系統非常密集完善，車行道基本是瀝青路面，茶行間設有軌道，適應機械化作業。茶葉生產全程機械化，加工基本上都由高度自動化的蒸青生產線來完成，不僅產量大，而且產品品質穩定，標准化程度高。同時，茶園周圍往往集中著國家的茶葉研究機構、茶葉機械製造企業、著名的茶文化和茶旅遊設施等，形成了非常明顯的區域特色、文化氛圍和產業優勢。

圖 9.11 日本茶園

日本茶產品的種類琳琅滿目，茶葉深加工產品開發延伸到了生活的各個領域。如茶飲料、茶藥品、茶食品、茶襪、茶皂、化妝品、含兒茶素的抗菌除臭產品、防輻射產品等，佔據了很大的市場份額。

圖 9.12 琳琅滿目的日本茶食品

5·日本茶道

　　日本茶道源自中國。當年來徑山的日本留學僧榮西、圓爾辯圓、南浦紹明等人在徑山學習的中國茶文化在日本廣泛傳播，中國的精品茶具——青瓷茶碗、天目茶碗也於此時由浙江傳入了日本。15世紀時，日本著名禪師一休大師的弟子、被後世尊為日本茶道始祖的村田珠光首創了"半草庵茶"，宣導順應天然、真實質樸的"草庵茶風"，主張將茶道之"享受"轉化為"節欲"，體現了陶冶身心、涵養德性的禪道核心。

　　作為日本茶道創始人之一的武野紹鷗傳承了村田珠光的理論，並結合自己對茶道的認識將其拓展，開創了"武野風格"，對日本茶道的發展起著承上啟下的作用。同時，他還是一名連歌師，通過把連歌道這一日本民族傳統藝術引入茶道，凝聚了日本人的審美意識，引起了很多人的共鳴。

16世紀，紹鷗的弟子千利休把茶與禪精神結合起來，將過去鋪張奢華的茶風轉變為孤獨清閒、追求內心寧靜的藝術，他致力於教導人們通過飲茶以獲得慰藉、療愈心靈，不僅是偉大的茶道宗師，也是偉大的禪宗思想家之一。他將日本茶道的宗旨總結為"和、敬、清、寂"："和"以行之，"敬"以為質，"清"以居之，"寂"以養志。至此，日本茶道初具規模。千利休作為日本茶道的"鼻祖"和集大成者，其茶道思想對日本茶道發展的影響極其深遠。

日本近代文明啟蒙期最重要的人物之一岡倉天心在其所著《茶之書》中寫道："茶道，是基於人們對於日常生活的俗事之中所存在的美產生崇拜而形成的一種儀式。它諄諄教導我們純粹與調和、相互友愛的神秘以及社會秩序的浪漫主義。茶道的要義在於崇拜'不完整的事物'，也即在不可解的人生之中，擁有想要成就某種可能的溫和企圖。"日本茶道將日常生活行為與宗教、哲學、倫理和美學熔為一爐，作為一門綜合性的文化藝術活動在日本廣為流傳，喜愛茶道之人比比皆是。可以說，茶道已成為日本文化的結晶，日本文明的代表，人們在茶道中領悟生活的美學，實現自己的人生修行。

延伸閱讀：日本茶道

（圖文提供：袁薇 浙江樹人大學茶文化貿易專業講師，日本國際丹月流茶道教授）

日本茶道是以飲茶為契機，以"佗寂"為審美導向，包含哲學、宗教、道德、文學和建築等內容的綜合文化體系。岡倉天心認為茶在日本，是一種生活藝術的宗教。茶人從思想體驗、帶有儀式感的行為禮法中獲取經驗，尋找適合自身生活的理想形式，產生乾淨而有質感的藝術表述，而這種表述方式雖略帶著超世俗的經驗，卻充溢著生活的藝術感。

日本茶道尊崇自然，用心去關注本就存在於大自然間的美好。茶室間的畫與花、視窗處的光與影，庭院中的露地與飛石，席間的茶與具，還有那一碗人情的茶湯……處處都體現出藝術化的美感；茶道的禮法也不僅是形式上的優雅，嚴謹的規則也蘊含著為人處世的道德；茶人對日常生活中細節的思考和關注都融入茶道的做法中，每一件器具擺放的位置、身體移動的順序、追求美的行為舉止……茶人用姿態表達內心經歷著藝術化的洗煉。

日本國際丹月流薄茶禮"平點前"基礎做法步驟：
（圖片人物：日本國際丹月流茶道教授袁薇、浙江樹人大學茶文化貿易曾卉知）

準備精緻的茶點 與抹茶相適應的茶點一般選用較為甜軟的和果子，製作精緻，選用與季節相適應的口感、色彩以及造型。客人在飲用抹茶之前先品嘗和果子，期待著美好的茶湯入口。

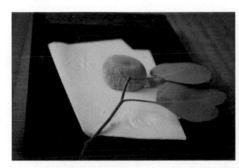

圖 9.13 奉茶點

點前備具 在入席禮之後，將點薄茶所需要使用的茶具，如水指、茶碗、茶巾、棗（裹）、茶筅、茶勺、建水、柄杓（勺）、蓋置，按禮法放置在規定的位置。

圖 9.14 出具

　　清潔茶具 "清" 是日本茶道的精神之一，具體表現在茶具的潔淨與心境的清明。亭主用心整理帛紗，分別對棗、茶勺、柄杓進行擦拭。取溫水，用茶筅清洗茶碗，用白茶巾將茶碗拭乾淨。

疊帛紗　　　　擦拭茶罐　　　　擦拭茶杓

擦拭柄杓　　　　打開金蓋　　　　杓溫水入碗

茶筅清潔碗　　　　檢查茶筅

去水入建水

茶巾拭碗

圖 9.15 潔具

置放抹茶 細膩而清香的抹茶形成一座小山的模樣被靜置在裏中，輕輕開蓋，在右下角處取適量的三勺置入茶碗底部，用茶勺將其在碗底打散。

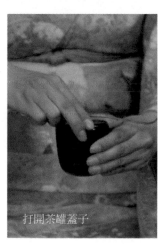

打開茶罐蓋子

置茶

置茶畢

圖 9.16 置茶

擊打薄茶 取溫度適宜的水（約 88 攝氏度）倒入碗中，水量是柄杓滿勺的七分。用茶筅點茶，從左至右，手腕帶動茶筅上下擊打茶湯，由緩而快，待湯沫漸起，迅速而有力地將湯沫凝聚，將茶筅集中於湯沫中心，輕輕提起。

取水　　　　　　注入碗中

欣賞茶湯

圖 9.17 點茶

　　按禮法奉茶 將點好的茶放在左膝蓋上欣賞，將身體稍稍轉向茶客，將茶碗正面轉向客人，而後放到席面，用手推向客人。

圖 9.18 奉茶禮

　　飲茶 客人與亭主行禮，客人接過茶碗，欣賞茶碗，將茶碗的正面轉向亭主，品飲一口後，向亭主行禮，而後分兩口將茶喝完。

圖 9.19 飲茶

（二）韓國

1．歷史淵源

中國茶通過海路對外傳播的歷史很早，西元 4 世紀末 5 世紀初，佛教開始由中國傳入高句麗（西元前 1 世紀至西元 7 世紀在我國東北地區和朝鮮半島存在的 一個民族政權，與百濟、新羅合稱朝鮮三國時代）。新羅時代，大批僧人到中國 學佛求法，並在回國時將茶和茶籽帶回新羅。《三國史記・新羅本紀・興德王三 年》載："冬十二月，遣使入唐朝貢，文宗召對於麟德殿，宴賜有差。入唐回使 大廉持茶種子來，王使命植於地理山。茶自善德王有之，至於此盛焉。前於新羅 第二十七代善德女王時，已有茶。唯此時方得盛行。"9 世紀初的興德王時期，飲茶之風在上層社會和僧侶文士之間頗為盛行，並開始種茶、制茶，且仿效唐代 的煎茶法飲茶。

高麗王朝時期，受中國茶文化影響，朝鮮半島的茶文化和陶瓷文化興盛，飲茶方法早期承襲唐代的煎茶法，中後期則採用宋代的點茶法。該時期，中國禪宗茶禮傳入，成為高麗佛教茶禮的主流，流傳至今的高麗五行茶禮，核心是祭祀茶聖炎帝神農氏"，規模宏大，參與人數眾多，內涵豐富，是韓國最高層次的茶禮。

至朝鮮李朝時期，前期的 15、16 世紀，受明朝茶文化的影響，散茶壺泡法和撮泡法頗為盛行。始於統一新羅時代、興於高麗時期的韓國茶禮，也隨著器具和技藝的發展而日趨完備，茶禮的形式被固定下來。朝鮮李朝中期以後，茶文化受到了反佛教和親儒學政策的壓迫，加上過度的茶葉稅收、自然災害頻發，以及來自酒和咖啡行業的競爭，茶葉發展一度衰落。直至朝鮮李朝晚期經丁若鏞、崔怡、金正喜、草衣大師等人的積極維繫，茶文化才重新由衰而復興。

圖 9.20 韓國茶園

2.產業特點

韓國主產綠茶，位於西南部的寶城是全國最大的茶葉生產地。寶城位於韓國全羅南道（"道"是韓國行政地名，類似於"省"），是韓國最著名的綠茶產區，茶葉產量占韓國茶葉總產量的 40% 左右，韓國大部分名優茶均源於此。韓國寶城與日本靜岡、中國日照並稱為"世界上三大海岸綠茶城市"，那裡不僅出產品質優良的茶葉，還因秀美的茶園景色而成為眾多韓國影視劇的拍攝地。

3.韓國茶禮

韓國茶道稱之為"茶禮"，與日本茶道一樣源於中國，深受中國茶文化的影響。韓國茶道受儒家思想影響最大，以"和、敬、儉、真"為宗旨："和"即善良之心地，"敬"即彼此間敬重、禮遇，"儉"即生活儉樸、清廉，"真"即心意真誠、以誠相待。韓國的茶禮種類繁多、各具特色，包括接賓茶禮、佛門茶禮、君子茶禮、閨房茶禮等諸多形式。

圖 9.21 韓國茶禮

延伸閱讀：韓國茶禮步驟

（圖片提供：韓國青茶文化研究院院長吳令煥）

①茶禮

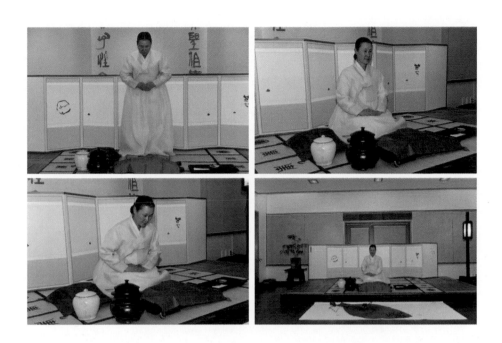

②掀布（將茶具蓋布撤下，折疊好放到指定位置）

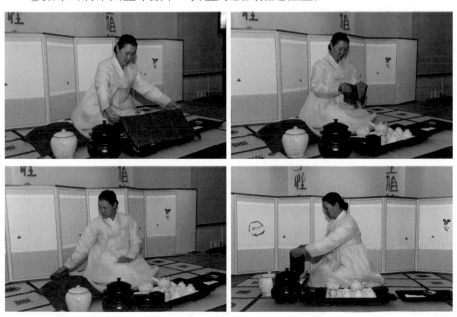

③翻杯、翻碗（茶杯按照水、火、木、金、土依次翻正）

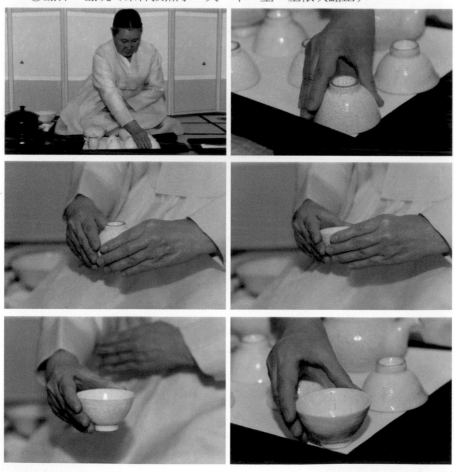

④備水、溫杯（用水瓢取湯鍋中的沸水倒入熟盂，將熟盂中的水倒入橫把壺，再將橫把壺中的水倒入飲杯）

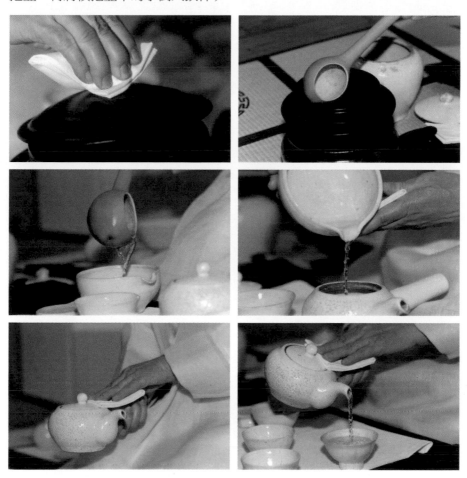

⑤備水、晾水（用取水瓢將湯鍋內的沸水倒入熟盂中待用）

⑥置茶（用茶勺從茶罐中取茶，投茶至橫把壺中）

⑦沏茶（將熟盂中待用的水倒入橫把壺）

⑧洗杯（將飲杯中的水按順序倒入水盂）

⑨出湯（先將壺中沏好的茶湯倒入一隻飲杯至三分滿，觀看一下湯色，再依次倒入其他杯中至五分滿，再以相反的順序倒入至七分滿）

⑩奉茶

⑪品飲

⑫潔具

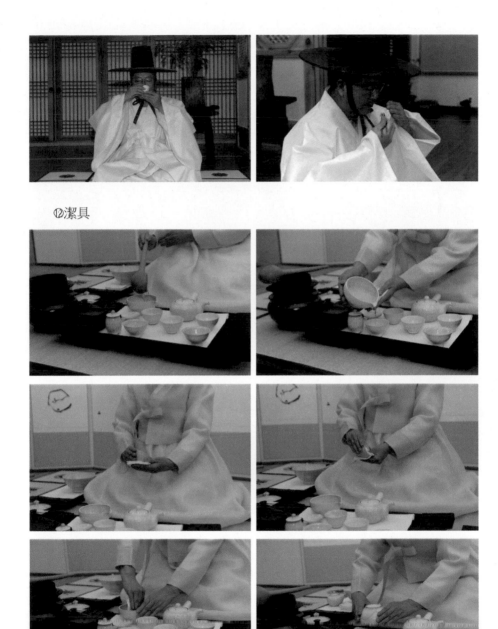

⑬收具

⑭行禮結束

（三）越南

越南位於東南亞中南半島東部，與中國廣西、雲南接壤，中國茶文化對其影響較深，再加上歷史上廣東人大量移居越南，也對中國茶文化在越南的傳播起了較大的推動作用。西漢時期，中國茶開始銷往包括越南在內的東南亞各國。唐朝時期，中國茶正式傳入越南，紮根這片疆土並逐步普及。明朝時期，鄭和七次下西洋，遍歷東南亞地區，進一步促進了中國與越南的茶葉貿易。

越南作為典型的農業國家，茶葉是其主要的經濟作物之一，茶園主要集中在北部山區和中部地區。目前，越南茶葉出口至世界近 60 個國家和地區，主要的出口國家有巴基斯坦、印度、俄羅斯等。

越南以生產紅茶和綠茶為主，其中紅茶主要用於出口，綠茶則主要為國內消費，是當地人民不可或缺的日常飲品。越南最有名的綠茶要數太原省出產的綠茶了，這種綠茶入口苦澀，隨即有甘甜的口感，味道在舌面上停留的時間較長，與中國綠茶相比口味更重一些。喝綠茶時越南人喜歡往裡面加冰塊，這種冰茶是很多飲食店常備的飲品，深受越南人民喜愛。

延伸閱讀：中國綠茶出口概述
（尹曉民 浙江華發茶業有限公司董事長）

中國綠茶出口已經有 300 多年的歷史，1905 年中國綠茶特別是珠茶出口量達到歷史高峰，年出口量超過 1 萬噸，主要出口到美國，後來由於摻雜使假，茶葉出口量大幅度減少，新中國成立後，綠茶是我國主要的出口商品，

1994 年前茶葉出口體制實行計劃經濟，由中國茶葉進出口公司與進口國簽訂國家合同，形成了一條茶農→收茶站→土特產公司→茶葉精製廠→出口茶廠→茶葉進出口公司產業鏈，縣與縣之間的茶葉是禁止流通的。

1994 年後廣東、福建等地首先開放民營企業進入綠茶出口市場，1994 至 2000 年期間，民營企業如雨後春筍般崛起。2001 年，浙江華髮茶葉出口茶廠成為浙江省第一家獲得綠茶自營出口權的民營企業。目前，中國的綠茶出口主體基本為民營企業。

全中國茶葉出口從計劃經濟時代的 10 萬噸左右，到目前 32 萬噸左右，貿易額 12 億美元，並每年保持一定速度的增長，但是出口的價格增長緩慢，農民的收入增加不多，企業的競爭進入白熱化時代，利潤基本上讓給茶葉進口商。計劃經濟時代出口 1 噸茶葉的總利潤在 1 萬元人民幣左右，現在民營企業出口 1 噸茶葉的利潤平均不超過 500 元，相當於計劃經濟時代的 5%。

中國綠茶出口市場主要集中在北非、西非、中東及獨聯體，摩洛哥是進口中國茶葉的第一大國家，年進口中國綠茶 6 萬噸，貿易額 2 億多美元，占中國茶葉出口量的 20% 左右，可以說摩洛哥市場是中國茶葉出口的風向標；歐美國家市場占綠茶出口總量的比例低於 10%。

中國綠茶生產地分佈越來越廣，從計劃經濟時代的浙江、江西、安徽等地，擴大到湖南、湖北、貴州、四川、河南、陝西、廣西等省區，但是出口主要集中在浙江、安徽和江西，其中浙江出口綠茶最多時占到全國的 70%，目前還保持在 50% 左右的比例。

綠茶出口的主體，除了省級茶葉進出口公司以外，其他都是民營茶廠出口，最近幾年，中西部地區如安徽、湖南、湖北、江西等省份出口量大幅度增長。

在綠茶對外貿易中存在的問題主要是民營企業規模太小，集聚效應不高；出口企業擁有自己的茶園很少，產品品質提升不快；茶園面積大量過剩，出口企業沒有發言權；中國出口企業缺乏自己的品牌，沒有實力財力來實施自己的品牌計畫，基本上為人作嫁衣。

編後語（一）
POSTSCRIPT

　　這本書完全是一個"命題作文"，是在賴春梅老師的"催 逼"下完成的，歷時多年，一拖再拖， 甚至一度擱淺以為不能完成了，還好， 最終在周繼紅的努力下總算不辱使命。這本書與其說是我們團隊的成果，還不如說是周繼紅同學的處女作，她在本書的編寫工作中貢 獻最多。就借此機會，讓我介紹下這位優秀學生、未來領袖吧。

　　繼紅自進入浙江大學以來，一直是位明星學生：當年以山東省理科前幾百名的優異成績考入浙江大學農學院，曾擔任校學生會副主席、院學生會主席，本科畢業時以專業第一名的優異成績和傑出的綜合素質保送至我實驗室直接攻讀博士。她不僅成績優秀，在校內外活動中也能一展風采：她作為青年代表參與錄製 CCTV1《開講啦》節目近 20 期，展現出了當代青年善於思考、勇於發聲的時代風貌。除此之外，她還是一名校園主持人，學校各大晚會、講座、論壇中常能看到她的身影。如在 2012 年浙江大學茶學系 60 周年系慶活動中，還是大二學生的周繼紅同學作為學生代表在慶典中發言，其順暢敏捷的文思與才智機辯的談吐給在座來賓留下了深刻的印象。此後，在諸多茶業界的活動中周繼紅都有出色的表現，例如她曾主持日本裡千家鵬雲齋千玄室大宗匠浙江大學中日茶文化交流會、2014 年"鳳牌滇紅杯"全國大學生茶藝技能大賽、2016 年浙江省敬老茶會等活動，展現了新一代茶人的風貌；繼紅同學熱愛專業，知行合一，盡己所能推廣茶學學科、弘揚中華文化，在赴臺灣、澳門等地的交流活動中，積極把茶文化融入到兩岸四地青年人的溝通交流中。她受邀錄製浙江電視臺教育科技頻道《招考熱線》節目，為觀眾解讀茶專業，收到了良好的社會反響。她還作為項目答辯人參加多個創業比賽，並榮獲浙江省"挑戰杯"特等獎、全國"挑戰杯"銀獎、"新尚杯"高校大學生創業邀請賽全國一等獎。2014、2015年還獲得了分量頗重的浙江大學"十佳大學生"和由美國華人精英評選出的"百人會英才獎"。

　　這部書稿也讓我對學生的優秀有了更深的認識。我曾開玩笑地說："繼紅，我本以為你的優秀是靠天賦和高顏值，原來還是靠努力！"。任務落實給她後，她全身心投入，沒日沒夜，經常整理資料到淩晨兩三點鐘，早上 8 點多又出現在我辦公室裡和我討論書稿了，從不找藉口拖延。假以時日，我的學生周繼紅當能因其良好的品德修養、出色的學習能力、傑出的領導才能和卓越的社交能力，成為堪當大任、貢獻國家的才俊！讓我們拭目以待。

感謝賴春 梅老師對我團隊的信任！這是繼《茶文化與茶健康》後我們的二度合作。最後，還要感謝茶行業大咖毛祖法先生、張士康先生、王建榮先生和毛立民先生特地為本書撰寫的精彩推薦詞。 綠茶是我國生產歷史最悠久、產 區最遼闊、品類最豐富、產量最龐大 的茶類，其相關知識紛繁多樣、浩如 煙海，儘管參編人員付出了很多心血與努力，但仍難涵蓋綠茶相關內容的方方面面。且由於篇幅，諸多內容未做涉及或淺談而止，疏漏之處在所難免，望讀者朋友們多提寶貴意見，不吝賜教，衷心希望大家都能獲得一番愉快的閱讀體驗。

王嶽飛

編後語（二）
POSTSCRIPT

都說"茶為國飲，杭為茶都"，作為一名土生土長的北方姑娘，大學時來浙大學求學，選擇茶學為專業並堅持讀到博士，讓我有緣在茶都杭州，跟隨最專業的老師，一點點地學習茶學知識、感悟茶學魅力。承蒙導師王岳飛教授信任，得此機會參與寫作《第一次品綠茶就上手》（圖解版），從紅衰翠減物華休的深秋十月一直到楊柳飛絮花滿城的芳菲四月天，著實為一段非常難忘而又收穫滿滿的日子。

書稿的目錄是在火車上寫完的，剛接到寫作的任務時，為了寫出一份有價值的提綱，我查閱了很多資料，每有一個靈感就將它記錄在紙上，慢慢的，草稿積了很多張，卻越來越難以沉下心來將雜亂的隻言片語理出頭緒。如此拖了一月有餘都沒有實質性的進展。直到一次出行，心想與其在玩手機中度過四個半小時的車程，倒不如趁此機會專心將寫作提綱整理好。進展比我想像中要順利，不到兩個小時目錄便有了雛形，然後從容地考慮對仗、遣詞、煉字等，等火車開到目的地時，所有的提綱已完成了。都說萬事開頭難，其實開頭也並不難，大多數人都是被自己嚇住了，為了不必

要的隱憂而困住了手腳，生活沒有我們想像得那麼可怕，它青睞才華，也尊重努力，唯獨拒絕等待。

隨著寫作的深入，看的資料不斷增多，愈加感慨這真是一番站在巨人肩膀上的旅行，瞭解越多便越認識到自己的無知，也更激發起學習的欲望。寫作茶藝部分時找來了我國現代茶藝奠基人童啟慶老師的《茶藝師培訓教材》《影像中國茶道》和《圖釋韓國茶道》作參考，每每翻看都要驚歎於老一輩茶人嚴謹治學的態度。沒有華麗辭藻的渲染，卻是字字珠璣，言之鑿鑿，將每一個細節都傳達得精准而到位。直到現在，浙江大學的茶藝課堂上仍能看到童老師誨人不倦的身影，在她身上，學者之嚴謹與師者之和藹並存，是我們每個人的榜樣。如此的前輩還有很多，他們當年栽種下的一切，已歷經歲月洗禮而枝繁葉茂，使得我們一代代的後輩得以生活在一個綠繞蔭濃的環境中。作為一個茶學的入門新手，從當下的搖楫劃水到多年後的揚帆執舵，要走的路還很長，願以此為勉，不忘初心。

總體上，文稿的寫作還算順利，但配圖的整理卻著實費了一番心思。

在這裡衷心感謝尹曉民先生、張星海老師、王亞雷老師、陳燚芳老師、齊秋客先生、章志峰老師、王廣銘老師、王永平老師、王劍敏老師、薄書建老師、吳子光老師、黃曉琴老師、汪強強老師、袁薇老師、蘇中強先生、官少輝師兄、史雅卿女士、馮丹繪老師、楊鴻春師兄、藍天茗茶、日照聖穀山茶場有限公司、龍王山茶業等提供的支援，是他們的幫助使得書稿的配圖全面而精美。另外還有很多不留姓名的茶友發來全國各地的茶園圖，為我們提供了豐富的素材，有位茶友在郵件中寫道"支持每一個為茶事業奉獻的人是所有愛茶人士的義務，每個挨近茶的人都有一份執著，天下茶人一家親，理應互幫互助！"也希望這樣一份奉獻與執著能夠傳遞給每一位讀者。

此外，浙江大學茶學的老師和同學們更是像親人一樣提供了很多幫助與支持，程剛老師拍攝的茶葉審評和茶藝部分詳解，用精湛的技藝呈現出一張張賞心悅目的照片；張玉婷老師寫作茶藝部分初稿並演示茶藝，幾番重複毫無怨言；郭昊蔚老師演示茶葉審評並協助進行茶葉審評部分的文字修改；應樂師姐耐心校對文字，細緻到每一個標點符號和遣詞用句；黃虔菲師姐對茶藝部分的修改提供了細緻而詳盡的指導，同時幫助進行茶點和茶席的設計，在我壓力最大的時候還主動承擔了部分修圖工作；張靚同學不顧雨後的泥濘，連續兩天幫忙拍攝茶樹品種，並提供多處的茶園照片；劉暢同學、汪瑛琦同學、張蕾同學也為書稿提供了相應的圖片。此時我才更加深刻地認同導師王岳飛教授時常掛在嘴邊的那句話"照顧好身邊的人是我們每個人的責任"，整個編寫過程中得到的種種支持讓我感受到無盡的溫暖，也讓我更加堅定地要做一個善良的人，因為我清楚地知道力不能及孤立無助的滋味是多麼的不好受，也真切地明白山窮水盡之時有人伸出援手是怎樣的歡欣感念。

希望能夠通過這本書，讓更多讀者全面的認識綠茶，當你瞭解了茶的歷史，你便知道為什麼這一片樹葉能承載中華民族幾千年的文明；當你了解了茶的種植與加工，你便知道為什麼這一片樹葉能被稱為國飲幾經歲月變遷而熱度不減；當你瞭解了茶的藝術與文化，你便知道為什麼這一片樹葉能帶著道不盡的故事滿足世界對東方古國的想像……很多人會說我們生活在一個最差的時代，人們追名逐利，忽視傳統，但是我依然要感激這個時代，能讓我們在一天內獲得賽過我們父輩一年的資訊與知識，也讓我更加敬佩身邊每一位不忘初心的茶人匠人，或許他們只是大街小巷上最普通不過的路人甲，卻因為茶的氤氳停留下來，或者，奔向遠方。

周繼紅

參考文獻
REFERENCES

施海根 . 中國名茶圖譜（綠茶卷）[M]. 上海文化出版社 , 2007.

李洪 . 輕鬆品飲綠茶 [M]. 中國輕工業出版社 , 2008.

龔自明 , 鄭鵬程 . 茶葉加工技術 [M]. 湖北科學技術出版社 , 2010.

周巨根 . 茶學概論 [M]. 中國中醫藥出版社 , 2007.

宛曉春 . 茶葉生物化學（第三版）[M]. 中國農業出版社 , 2007.

江用文 , 童啟慶 . 茶藝師培訓教材 [M]. 金盾出版社 , 2008. 駱
耀平 . 茶樹栽培學（第四版）[M]. 中國農業出版社 , 2008. 施
兆鵬 . 茶葉審評與檢驗 [M]. 中國農業出版社 , 2010.

王岳飛 , 徐平 . 茶文化與茶健康 [M]. 旅遊教育出版社 , 2013.

程啟坤 , 張莉穎 , 姚國坤 . 茶葉加工利用的起源與發展 [C]. 國際茶文化研討會 .
2006.

陳椽 . 茶葉分類的理論與實際 [J]. 茶業通報 , 1979(Z1).

趙秀明 . 日本蒸青綠茶的加工 [J]. 農村新技術 , 2010(22):63-64.

張莉穎 . 韓國茶禮初探 [C]. 國際茶文化研討會 . 2010.

季小康 . 中國名茶趣談 [J]. 中國對外貿易 , 1994(4). 童啟
慶 . 無我茶會的由來與基本方法 [J]. 茶葉 , 1998(2).

中國赴日茶葉生產技術及管理考察團 . 日本茶葉產業發展現狀 [J]. 世界農業 ,
2003(3):36-37.

姜天喜 . 論日本茶道的歷史變遷 [J]. 西北大學學報 : 哲學社會科學版 , 2005,
35(4):170-172.

李晟煥 . 韓國茶產業發展歷史、現狀與問題——兼中、韓茶產業比較 [D]. 浙江大學 ,
2007.

劉勤晉 . 中國茶在世界傳播的歷史 [J]. 中國茶葉 , 2012(8):30-33.

Tran, Xuan, Hoang, 等 . 越南茶葉產業概況 [J]. 中國茶葉 , 2012(7):12-13.

國家圖書館出版品預行編目（CIP）資料

第一次品綠茶就上手 / 王岳飛, 周繼紅 主編. -- 第一版.
-- 臺北市 : 崧燁文化, 2019.01
　　面 ； 　公分
圖解版

ISBN 978-957-681-779-3(平裝)

書　　名：第一次品綠茶就上手(圖解版)

作　　者：王岳飛、周繼紅 主編

發行人：黃振庭

出版者：崧燁文化事業有限公司

發行者：崧燁文化事業有限公司

E-mail：sonbookservice@gmail.com

粉絲頁　　　　　　　網　址：

地　　址：台北市中正區重慶南路一段六十一號八樓 815 室

8F.-815, No.61, Sec.1, Chongqing S. Rd., Zhongzheng
Dist., Taipei City 100, Taiwan (R.O.C.)

電　　話：(02)2370-3310 傳　真：(02) 2370-3210

總經銷：紅螞蟻圖書有限公司

地　　址：台北市內湖區舊宗路二段 121 巷 19 號

電　　話：02-2795-3656　　傳真：02-2795-4100　網址：

印　　刷：凱林彩色印刷有限公司

　　　本書版權為旅遊教育出版社所有授權崧博出版事業股份有限公司獨家發行
電子書繁體字版。若有其他相關權利及授權需求請與本公司聯繫。

定價：350 元

發行日期：2019 年 01 月第一版

◎ 本書以POD印製發行